XUE KE XUE MEI LI DA TAN SUO

学科学魅力大探索

U0591239

科技历史跟踪

台运真 编著　丛书主编 周丽霞

物理：在辉煌的历史里

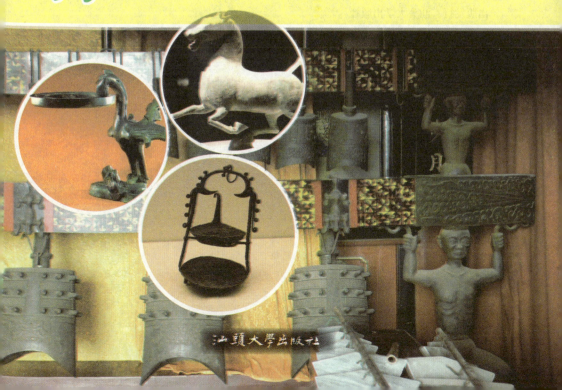

汕头大学出版社

图书在版编目（CIP）数据

物理：在辉煌的历史里 / 台运真编著. -- 汕头：
汕头大学出版社，2015.3（2020.1重印）
　（学科学魅力大探索 / 周丽霞主编）
　ISBN 978-7-5658-1716-8

Ⅰ．①物… Ⅱ．①台… Ⅲ．①物理学－青少年读物
Ⅳ．①O4-49

中国版本图书馆CIP数据核字(2015)第028152号

物理：在辉煌的历史里　　　　　　WULI: ZAI HUIHUANG DE LISHILI

编　　著：台运真
丛书主编：周丽霞
责任编辑：汪艳蕾
封面设计：大华文苑
责任技编：黄东生
出版发行：汕头大学出版社
　　　　　广东省汕头市大学路243号汕头大学校园内　邮政编码：515063
电　　话：0754-82904613
印　　刷：三河市燕春印务有限公司
开　　本：700mm×1000mm 1/16
印　　张：7
字　　数：50千字
版　　次：2015年3月第1版
印　　次：2020年1月第2次印刷
定　　价：29.80元
ISBN 978-7-5658-1716-8

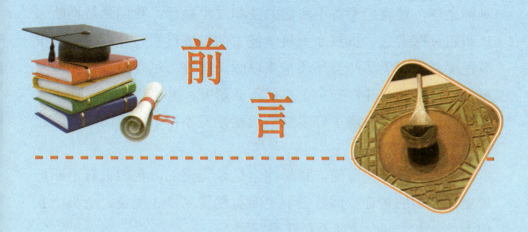

前　言

　　科学是人类进步的第一推动力，而科学知识的学习则是实现这一推动的必由之路。在新的时代，社会的进步、科技的发展、人们生活水平的不断提高，为我们青少年的科学素质培养提供了新的契机。抓住这个契机，大力推广科学知识，传播科学精神，提高青少年的科学水平，是我们全社会的重要课题。

　　科学教育与学习，能够让广大青少年树立这样一个牢固的信念：科学总是在寻求、发现和了解世界的新现象，研究和掌握新规律，它是创造性的，它又是在不懈地追求真理，需要我们不断地努力探索。在未知的及已知的领域重新发现，才能创造崭新的天地，才能不断推进人类文明向前发展，才能从必然王国走向自由王国。

　　但是，我们生存世界的奥秘，几乎是无穷无尽，从太空到地球，从宇宙到海洋，真是无奇不有，怪事迭起，奥妙无穷，神秘莫测，许许多多的难解之谜简直不可思议，使我们对自己的生命现象和生存环境捉摸不透。破解这些谜团，有助于我们人类社会向更高层次不断迈进。

其实，宇宙世界的丰富多彩与无限魅力就在于那许许多多的难解之谜，使我们不得不密切关注和发出疑问。我们总是不断去认识它、探索它。虽然今天科学技术的发展日新月异，达到了很高程度，但对于那些奥秘还是难以圆满解答。尽管经过许许多多科学先驱不断奋斗，一个个奥秘不断解开，并推进了科学技术大发展，但随之又发现了许多新的奥秘，又不得不向新的问题发起挑战。

宇宙世界是无限的，科学探索也是无限的，我们只有不断拓展更加广阔的生存空间，破解更多奥秘现象，才能使之造福于我们人类，人类社会才能不断获得发展。

为了普及科学知识，激励广大青少年认识和探索宇宙世界的无穷奥妙，根据最新研究成果，特别编辑了这套《学科学魅力大探索》，主要包括真相研究、破译密码、科学成果、科技历史、地理发现等内容，具有很强系统性、科学性、可读性和新奇性。

本套作品知识全面、内容精炼、图文并茂，形象生动，能够培养我们的科学兴趣和爱好，达到普及科学知识的目的，具有很强的可读性、启发性和知识性，是我们广大青少年读者了解科技、增长知识、开阔视野、提高素质、激发探索和启迪智慧的良好科普读物。

目 录

对共振与声波的认识

对于振动和波的概念，是人们在长期实践中建立和发展起来的。

各种各样的声波都是由发声体振动引起的，这种振动通过空气或其他媒介传播到人的耳朵，人就听到了声音。并在人的头脑中逐渐加深了对它们的认识。

唐武宗时，当朝太尉李德裕手下有一个乐官名叫廉郊，师从当时的琵琶大师曹钢，是曹钢的得意弟子，技艺精湛，听他的演奏如闻仙乐。在一个月白风清的夜晚，李太尉带着廉郊及随从们，邀约曹钢带着琵琶，来到李德裕的宅邸湖边，大家欢聚，赏

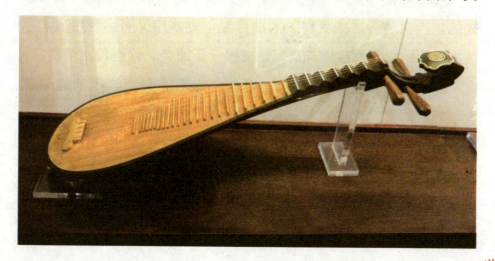

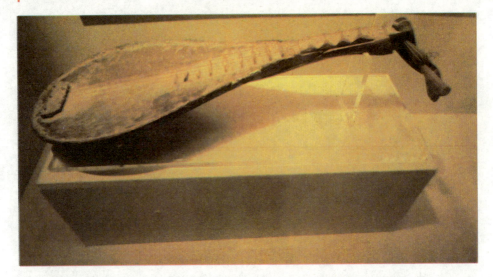

月弹琴。廉郊主奏蕤宾调《芰荷》大曲，曹钢用和声陪衬。乐曲起伏错落，高低昂扬。弹奏几曲以后，音乐会渐进高潮。太尉与众人正神往于乐曲勾画出的音乐意境之中时，湖中传来阵阵像是鱼儿跳出水面又落下时溅水的声音。演奏者一听，就停奏了《芰荷》，改奏其他调的作品，而后湖中的声音消失了，再也没什么动静了。

太尉安慰众位宾客，让师徒二人接着弹。于是师徒两人转轴拨弦，再次演奏。《芰荷》大曲再起，湖水中又有声音传出。师徒两人想到太尉兴致这样高，便交换一下眼色，没有停止演奏。

这时，奇怪的事发生了：湖水中传来的奇特的声响越来越大，好像同琵琶大曲蕤宾调《芰荷》相和。众人正惶恐之间，一块长方形的东西夹带着水声、风声从湖中跃出，"哐当"一声跌落在岸边，奇怪的声音也戛然而止。

正在大家惊魂未定不知所措时，有胆大的随从已把这件东西送到太尉面前。太尉一看，"呵呵"一笑，对曹钢、廉郊说：

"这是你们的知音啊！"原来，这是一个沉没湖中多年的名叫"方响"的打击乐器中的一块，刚好是专奏蕤宾调的那块。曹钢说："太尉高见，这就是声律相应啊！"

在这个有点诡异的故事中，廉郊竟能以美妙的音乐引起湖底沉铁共鸣，受震出水，而琵琶大师曹钢将其解释为"声律相应"，恰恰验证了声音共振这个科学道理。其实，古人获得这些共振知识，是经历了一个长期的实践过程的。

当一个物体发声振动时，另一个物体也随着振动，这种现象叫做共振。在古代典籍中有大量的关于共振现象的记述。比如《庄子》一书最早记下了瑟的各弦间发生的共振现象：

一种情况是，在弹宫、角等基音时，置于一室的诸瑟相应的弦也发生振动；另一种情况是，如果调一弦，使它和宫、商、角、徵、羽"五声"中任何一声都不相当，弹动它时，另一个瑟

上25根弦都动了起来。后一种现象一般情况下较难以察觉到，古人能发现这一点，说明他们的观察是很细致的。

古人不但观察到了共振现象，还试图对之加以解释，这方面最具代表性的是西汉时期思想家董仲舒。

他在其《春秋繁露·同类相动篇》中说道："具有相同性质的物体可以相互感应，之所以会鼓宫宫动，鼓商商应，就是由于它们声调一样，这是必然现象，没有任何神奇之处。"

董仲舒能正确认识到这是一种自然现象，打破了笼罩在其上的神秘气氛，是有贡献的。至宋代，科学家沈括把古人对共振现象的研究进一步向前做了推进。他用实验手段探讨乐器的共鸣。

他剪了一个小纸人，放在基音弦线上，拨动相应的泛音弦线，纸人就跳动，弹别的弦线，纸人则不动。这样，他就用实验方法，把音高相差八度时二弦的谐振现象直观形象地表现了出来。

沈括这个实验，比起欧洲类似的纸游码实验，要早好几个世纪。沈括的实验对后人颇有影响。明代晚期学者方以智就曾在其《物理小识》中明确概括道：声音之和，足感异类。只要声音特性一致，即频率相同或成简单整数比，在不同器物上也能发生共鸣。他指出，乐器上的共鸣具有同样的本质，都是由于"声音相和"引起的。方以智的这些话，标志着人们对共鸣现象本质的认识又深入了一步。事实上，古人对共鸣现象的最初认识及其逐步加深，伴随着对自然界中波的理解。也就是说，在自然界中共振与波密切相关。

上古时代，人们在渔猎生产中常见到这样的现象：湖泊池沼的涟涟水波，水面上的浮萍、木条却并不随波前进，而是在做上下振动；在纺绳织网中，弹动绳子，波浪从一头传至另一头，但绳子上的线头也不随波逐流。对于类似现象，人们经过了长久的思索才有了答案。比如《管子·君臣下》说道：浪头涌起，到了顶头又会落下来，乃是必然的趋势。这是春秋时期人们的回答。

至东汉时期，人们对此有了进一步的认识。东汉时期思想家王充终于发现，声音在空气中的传播形式是和水波相同的。

王充在《论衡·变虚篇》中说道：鱼身长一尺，在水中动，震动旁边的水不会超过数尺，大的不过与人一样，所震荡的远近不过百步，而一里之外仍然安然清澈平静，因为离得太远了。

如果说人操行的善恶

能使气变动，那么其远近应该跟鱼震荡水的远近相等，气受人操行善恶感应变化的范围，也应该跟水一样。

王充在这里表达了一个科学思想：波的强度随传播距离的增大而衰减，如鱼激起的水波不过百步，在500米之外便消失殆尽；人的言行激起的气波和鱼激起的水波一样，也是随距离而衰减的。

可以认为，王充是世界上最早向人们展示不可见的声波图景的，也是他最早指出了声强和传播距离的关系。至明代，借水波比喻空气中声波的思想更加明确、清楚。明代科学家宋应星在《论气·气声篇》中的结论是：敲击物体使空气产生的波动如同石击水面产生的波。声波是纵波，其传播能量的方向和振动方向相平行；水波是横波，其传播能量的方向和振动方向相垂直。尽管古代人由于受到时代的局限性，对纵波和横波分不清，但上述认识已经是古人在声学方面的一个巨大进步。

延 伸 阅 读

唐代洛阳某寺一僧人房中挂着磬这种乐器，经常自鸣作响，僧人惊恐成疾。

僧人的朋友曹绍夔是朝中管音乐的官员，闻讯特去看望。这时正好听见寺里敲钟声，磬也随即作响。曹绍夔掏出怀中铁锉，在磬上锉磨几处，磬再也不作响了。这个故事表明我国古人具有丰富的声学知识。

对共鸣与隔音的利用

共鸣是物体因共振而发声的现象。在战争环境下，古代人发明了各种各样的共鸣器，用来侦探敌情。

隔声是把声音约束在一定范围里，而不让它传播出去。我国古代还发明了隔声的方法，可称为现代消声技术的先导。

三国时期，诸葛亮率蜀军南下，来到云南陆良，与南军在战马坡相会。南蛮王孟获特意请深通法术的八纳洞洞主木鹿大王前来助阵。

木鹿大王来到战马坡，命手下官兵挖了两条长不到40米，宽不足1米的山路，叫做"惊马槽"，并将蜀军引到附近。

双方开战后，军南阵营突然响起"呜呜"的号

角声，随即虎豹豺狼、飞禽走兽乘风而出。蜀军深入云南，从未见过这阵势，一时无力抵挡，迅速退入山谷。

就在这时，意外发生了。

一阵狂风过后，只听周围的岩石、树木一齐作响，发出凄厉的尖啸，似厉鬼呼号，摄人魂魄。蜀军马惊人坠，损失惨重。

后来，诸葛亮施展才智，巧用计谋，才降伏了孟获。

此战过后，惊马槽一带从此阴云不散。一千多年来，生活在这里的村民，在一处幽深的山谷中，经常会听到兵器相碰、战马嘶鸣的声音，他们把这种奇怪的现象叫做"阴兵过路"。直至惊马槽的旁边修了一条公路，怪声才得以平息。

其实，惊马槽的形状很像啤酒瓶的瓶身，如果吹一下啤酒瓶口，可以听到刺耳的响声。吹进惊马槽的风，在与岩壁不断撞击之后，形成了共鸣与声音反射的声学现象，便出现了村民们传说的怪声。

很显然，这是一个物理现象，在声学上叫"共鸣"。

共鸣是一种物理现象。我国古代对共鸣现象的认识和利用是颇有成就的。比如制造共鸣器，让声音通过它来放大，便能听到远处的声音。

这项技术还曾经被用于军事战斗中。

早在战国初期，墨家创始人墨翟就发明了几种用共鸣器侦探敌情的方法，并在《墨子》一书中记载下来。

　　一种方法是：在城墙根下每隔一定距离挖一深坑，坑里埋置一只容量七八十升的陶瓮，瓮口蒙上皮革，让听觉聪敏的人伏在瓮口听动静。可以察觉到敌人挖地道攻城的响声，不仅可以发觉敌情，还可以根据各瓮声音的响度差别，识别来敌的方向和位置。

　　另一种方法是：在同一个深坑里埋设两只蒙上皮革的瓮，两瓮分开一定距离。根据这两只瓮的响度差别，来判别敌人所在的方向。

　　还有一种方法：一只瓮和前两种方法所说的相同，也埋在坑道里，另一只瓮则很大，要大到足以容纳一个人，把大瓮倒置在坑道地面，并让监听的人时刻把自己覆在瓮里听响动。利用同一个人分别谛听这两种瓮的声响情形，来确定来敌的方向和位置。

　　埋瓮测听就是利用了共鸣的原理。敌方开凿地道时所发出的声响在地下传播的速度高，而且衰减小，容易

激起缸体共振，从而可以侦测地下敌人所在的方位。这种简易可靠的侦察方法，也被用于地面战斗。

《墨子》一书记载的方法被历代军事家沿袭使用。唐代军事理论家李筌、宋代军事家曾公亮、明代儒将茅元仪等，都曾在他们的军事或武器著作中记述了类似的方法。

曾公亮还把《墨子》记述的蒙有皮革的瓮叫做"听瓮"，把瓮口不蒙皮革、直接覆在地道里谛听的方法叫做"地听"。

李筌的《神机制敌太白阴经》、曾公亮的《武经总要·警备篇》都曾描述另一种更加简便实用的共鸣器：

除了埋瓮外，古代军队中还有一种用皮革制成的枕头，叫做"空胡鹿"，让聪耳战士在行军之夜使用，即便敌军人马活动在15千米外，东西南北各方向都可侦听到。

宋代科学家沈括的《梦溪笔谈·器用》中记述：

"牛革制成的箭袋，用作卧枕，附地枕之，数里内有人马声，则皆闻之"。

伟大的科学家沈括还对以上瓮、枕等的功用作出了物理解释。他说"取其中虚"，"盖虚能纳声也"，这个解释和现代声音在固体中传播的知识是一致的。

从宋代起，人们还发现，去节长竹，直埋于地，耳听竹筒口，则有"嗡嗡"若鼓的声音。

当声音在像地面、铁轨、木材等固体中传播时，遇到空穴，在空穴处产生交混回响，使原来在空气中传播的听不见的声音变得可以听见。值得注意的是，那种用竹筒听地声的方法正是近代医用听诊器的滥觞。

至明代，抗倭名将戚继光曾用大瓮覆人来听敌凿地道的声音。戚继光也曾用埋竹法谨防倭寇偷袭。甚至在现代的一些战争中，不少国家和民族还继续采用这些古老而科学的共鸣器。

我国古代对隔声也有认识和利用。

隔声是指声波在空气中传播时，用各种易吸收能量的物质消耗声波的能量，使声能在传播途径中受到阻挡而不能直接通过的措施，这种措施称为"隔声"。

我国古代有的建筑为了隔音，用陶瓷口朝里砌

成墙，每个瓮都起隔音作用。这种隔音技术正是利用了共鸣消耗声能的特性。

比如明代方以智说：私铸钱者，藏匿于地下室之中，以空瓮垒墙，使瓮口向着室内，声音被瓮吸收。这样，过路人就听不见他们的锯锉之声了。

清代初期，人们用同样的方法，把那种在地下的隔声室搬到地面上，以致"贴邻不闻"他室声。可见，我国古人最早创建了隔声室。

延 伸 阅 读

动物界的共鸣现象比较普遍，比如蝉的鸣叫就利用身体的某些部位共鸣。蝉腹部两侧各有一个大而圆的音盖，下面生有像鼓一般的听囊和发音膜，当发音膜内壁肌肉收缩振动时，蝉就发出声音来。蝉的后部还有气囊的共鸣器，在发音膜振动时就产生共鸣，使蝉鸣格外响亮。

奇妙的古代声学建筑

古代人常常应用声音的一些特性建造一些特殊的建筑物。比如北京天坛中的回音壁、三音石、山西普救寺内的莺莺塔等，以此增加它们肃穆威严气魄。

这些建筑物巧妙地利用了声学上的一些原理，既有很强的使用价值，也收到了奇妙的艺术效果。表现了我国古代劳动人民的聪明才智。

利用声学效应的建筑在我国已发现不少。北京天坛和山西省永济的莺莺塔是迄今保存比较完好的具有声音效果的建筑。此外，还有四川省潼南县的石琴、河南省郊县的蛤蟆音塔和山

西省河津县的镇风塔等。

　　北京天坛是著名的明代建筑。其中皇穹宇建于1530年，原名"泰神殿"，1535年改为今名。天坛的部分建筑具有较高的声学效果，使这一不寻常的"祭天"场所，更增添了神秘的色彩。

　　天坛建筑物中最具声学效应的是：回音壁、三音石和圜丘。

　　回音壁是环护皇穹宇的一道圆形围墙，高约6米，圆半径约32.5米。内有3座建筑，其中之一是圆形的皇穹宇，位于北面正中，它与围墙最接近的地方只有2.5米。回音壁只有一个门，正对皇穹宇。

　　整个墙壁都砌得十分整齐、光滑，是一个良好的声音反射体。

　　如有甲、乙两人相距较远，甲贴近围墙，面向墙壁小声讲话，乙靠近墙壁可以听得很清楚，声音就像从乙的附近传来的。

如果甲发出的声音与甲点的切线所成的角度大于22度时，声音就要碰到皇穹宇反射到别处去，乙就听不清或听不到了。

在皇穹宇台阶下向南铺有一条白石路直通围墙门口。从台阶下向南数第三块白石正当围墙中心，传说在这块白石上拍一下掌，可以听到3响，所以这块位于中心的白石就叫"三音石"。

事实上，情况不完全是这样。在三音石上拍一下掌，可以听到不止3响，而是5响或6响，而且三音石附近也有同样的效应，只是声音模糊一些。这是因为从三音石发出的声音等距离地传播到围墙，被围墙同时反射回中心，所以听到了回声。回声又传播出去再反射回来，于是听到第二次回声。如此反复下去，可以听到不止3次回声，直至声能在传播和反射过程中逐渐被墙壁和空气吸收，声强减弱而听不见。

如果拍掌的人在三音石附近，从那里发出的声音，传播到围墙，不能都反射到拍掌人的耳朵附近来，因此听到的回音就比较模糊。圜丘是明清两代皇帝祭天的地方。它是一座用青石建筑的

三层圆形高台，高台每层周围都有石栏杆。在栏杆正对东、西、南、北方位处铺设有石阶梯。最高层离地面约5米，半径约11.4米。高台面铺的是非常光滑、反射性能良好的青石，而且圆心处略高于四周，成一微有倾斜的台面。人若站在高台中心说话，自己听到的声音就比平时听到的要响亮得多，并且感到声音好像是从地下传来的。这是因为人发出的声音碰到栏杆的下半部时，立即反射至倾斜的青石台面，再反射到人耳附近的缘故。

莺莺塔就是山西永济的普救寺舍利塔。因古典文学名著《西厢记》中张生和莺莺的故事发生在普救寺，所以人称莺莺塔。

塔初建于唐代武则天时期，是7层的中空方形砖塔。后毁于明代的1555年大地震。震后8年按原貌修复，并把塔高增到13层50米。莺莺塔最明显的声学效应是，在距塔身10米内击石拍掌，30米外会听到蛙鸣声；在距塔身15米左右击石拍掌，却听到蛙声从塔底传出；距塔2500米村庄的锣鼓声、歌声，在塔下都能听见；

远处村民的说话声，也会被塔聚焦放大。

诸如此类奇特的声学效应，原来是由于塔身的形体造成的：塔体中空，具有谐振腔作用，可以把外来声音放大。塔身外部每一层都有宽大的倒层式塔檐，可以把声音反射回地面，相距稍有差别的13层塔檐的反射声音会聚于30米外的人的耳朵而形成蛙鸣的感觉。

石琴位于重庆市潼南县大佛寺大佛阁右侧的一条上山石道中，由36级石梯组成，像一个巨大的石壁。从下半部的主洞口自下而上的第4级石阶，直至第19级石阶，每一个阶梯像一根琴弦，若拾级而上，就会发出悠扬婉转、音色颇似古琴的声音。

石蹬发音的声学原理是，脚踏石阶产生强迫振动，在空气中形成声波。其中以两侧岩壁最高处的7级石阶发声最响，脚下响声似琴音，令人神往。古人称为"七步弹琴"，并题"石蹬琴声"4个大字。

蛤蟆音塔在河南省郏县。音塔其貌不扬，却以奇声夺人。在塔的任何一面，距塔10米以外，无论拍掌、击石都可以听到蛙鸣的回声。如春天池塘里有千万只蛤蟆在鼓膜低

唱，令人遐想。分析结论是，蛤蟆塔本身排列有序，而且其塔檐对声音有汇聚反射作用，从而产生回音。

镇风塔位于山西省河津县的康家庄，是一座比世界名塔永济莺莺塔回音效果还要好的回音塔。

镇风塔呈平面方形，为密檐式实心塔，共13层，围长18．4米，高约30米，每层檐拱角各悬吊一只小铁钟，风来丁零作响。

塔刹呈葫芦形，顶端有一立式凤凰。站在塔下拍手、跺脚、敲砖、击石，塔的中上部便传会出小青蛙、大蛤蟆的不同叫声，还有清脆悦耳的鸟鸣声。如果10多个人一齐拍手，其声犹如群蛙在夏夜池塘边竞相放歌，悦耳动听，妙不可言！

我国古代建筑是利用声学效应的科学宝库，很多声学建筑成就体现了声学与音乐、声学与哲学和声学与建筑、军事等的结合。这也是我国古代物理学发展的根本特点之一。

延 伸 阅 读

潼南石琴为明宣德年间所凿，距今已有500余年。传说石琴下有一暗河，当游人脚踏石阶，石阶之声与暗河水声发生共鸣而产生琴声。有人认为凿造者了然回音原理之故，然而也没有人作详释。也有人认为石琴濒临涪江，涪江水发出轰鸣，当游人脚踏石梯，引起共鸣之音，但这一说法也不可信。

对光源的认识与利用

　　光源自宇宙形成就有了，比如会发光的星体就是最早的光源。古人对光源的认识和利用，最初是从人造光源与自然光源，热光源与冷光源等开始的。

　　我国古代对光源的认识起步很早，并能及时充分地加以利用，是古代物理学方面的一项重要成果。

　　汉代时，少年时的匡衡，非常勤奋好学。但由于家里穷，匡衡只好在墙上凿了个小洞，借邻居家的烛光读书。这个著名的"凿壁偷光"故事，体现了我国古代劳动人民利用热光源的聪明才智。

光源是光学研究的基本条件，我国古代对热光源与冷光源，自然光源与人造光源等方面都有一些值得称道的知识。

人造光源是随着人类的文明、科学技术的发展而逐渐制造出来的光源，按先后出现顺序分别有了：火把、油灯、蜡烛和电灯等。

作为自然光源，当然是以太阳为主，在夜晚还有月亮。取火方法的发明，使人们比较自由地获得了人造光源，那当然都是热光源。

在冷光源方面，不管对于二次发光的荧光还是低温氧化的磷光，我国古代都有不同程度的认识。

西汉时期的《淮南子》最早记载了栌木发光这件事。栌木含有某种化学物质，能发荧光。其水浸液在薄层层板上确实可以见到紫色、浅黄色等荧光。

《淮南子》的记载可以说是迄今所知对荧光现象的最早记载。此外，《礼记·月令》中也记载过腐败的草发荧光的事实。

对于磷光，《淮南子·汜论训》说道："久血为磷。"高诱注认为，血在地上"暴露百日则为磷，遥望炯炯若燃也"。东汉时期著名的思想家、文学理论家王充的无神论著作《论衡》也指出："人之兵死也，世言其血为磷。"

这些看法是正确的。因为人体的骨、肉、血和其他细胞中含有丰富的磷化合物，尤以骨头中的含量为最高。在一定条件下，人体腐烂后体内的磷化合物分解还原成液态磷化氢，遇氧就能自燃发光。

西晋时期文学家张华所著《博物志》一书对于磷光的描写，尤其细微具体。作者已经不再把磷火说成"神灯鬼火"，而能够细微地观察它，明确指出它是磷的作用。这不能不说是一种有价值的见解。北宋时期大科学家沈括《梦溪笔谈》也记载了一件冷光现象。

记述了化学发冷光与生物化学发冷光两种自然现象。前者是磷化氢，液体在空气中自燃而发光；后者咸鸭卵发光是由于其中的荧光素在荧光酶的催化作用下与氧化合而发光，而其中的三磷腺苷能使氧化的荧光素还原，荧光素再次氧化时还会发光。

明代诗人陆容《菽园杂记》也记载了荧光与几种磷光的现象，并指出了磷光与荧光都是不发火焰的，因此可以归为一类。

清代科学家郑复光对此有一段很精彩的记述："光热者为阳，光寒者为阴。阳火不烦言说矣。阴火则磷也、萤也、海水也，有火之光，无火之暖。"认识又进了一步。

我国古代对于冷光光源的应用，首先是照明。早在西汉时期的《淮南万毕术》中就有"萤火却马"的记载，据这段文字的"注释"说，那时的做法也就是"取萤火裹以羊皮"。

五代时期道教学者谭峭的《化书》中曾言："古人以囊萤为灯"。大约在那个时候专门制备有一种贮藏萤火虫的透明灯笼。

沈括《清夜录》记载这种称为"聚萤囊"的灯笼"有火之用，无火之热"，是一种很好的照明装置。至明清时期，人们把这种冷光源浸入水下以为诱捕鱼类之用。

明代的《七修类稿》记载："每见渔人贮萤火于猪胞，缚其窍而置之网间……夜以取鱼，必多得也。"

清代的《古今秘苑》记载："夏日取柔软如纸的羊尿脬，吹胀，入萤火虫百余枚，及缚胕口，系于罾之网底，群鱼不拘大小，各奔光区，聚而不动，捕之必多。"

特别令人感兴趣的是，古代曾利用含有磷光或荧光物质的颜料作为画，使画面在白昼与黑夜显出不同的图景。

宋代的和尚文莹在《湘山野录》一书记载过这样一幅画牛图：白昼那牛在栏外吃草，黑夜牛却在栏内躺卧。皇帝把这幅奇画挂在宫苑

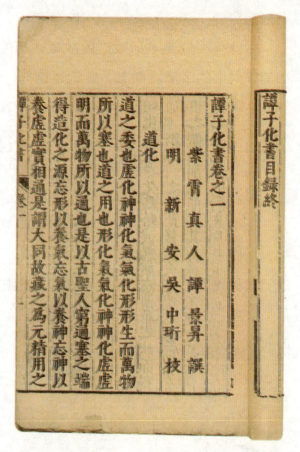

中，大臣们都不能解释这个奇妙的现象，只有和尚赞宁知道它的来历。

赞宁解释说，这是用两种颜料画成功的，一种是含磷光物质的颜料，用它来画栏内的牛；另一种则是含荧光物质的颜料，用它来画栏外的牛，则显出了前述那种效果。这可说是熔光学、化学、艺术于一炉，堪称巧思绝世。

据有关记载，这种技巧的发明至迟在六朝时期，或许可上溯至西汉时期，其渊源也许来自国外，至宋代初期几乎失传，经赞宁和尚指明，才又引起人们的惊异与注意，其术遂得重光，流传

下来。

后世有不少典籍记载这段故事，有的还有进一步的发展。例如南宋时期的《清波杂志》曾记述这样一件事：

画家义元晖，十分精于临摹，有一次从某人处借来一幅画，元晖临了一幅还给藏主，把原件留了下来。

过了几天，藏主来讨还真迹。元晖问他是如何辨认出来的。

那人说，原件牛的眼睛中有一个牧童的影子，此件却没有。

看来，这牛目中的牧童影也是利用掺有磷光物质的颜料画成的，所以一到暗处就显出来了。

这种技巧后来只在少数画家中私相传授，做成的画叫做"术画"。在国外，英国的约翰·坎顿使用这种技艺时，比起我国要晚1200多年。

延 伸 阅 读

东晋时期的车胤，年幼时好学不倦，勤奋刻苦。但由于家境贫寒，常常没钱买油灯。在一个夏夜，车胤发现许多萤火虫一闪一闪地在空中飞舞，忽然心中一动。他马上捉了10多只装在白纱布缝制的口袋里，挂在案头。从此，他每天借萤光苦读，学识与日俱增。

绝无仅有的成像实验

　　小孔成像是用一个带有小孔的板遮挡在屏幕与物之间，屏幕上就会形成物的倒像的现象。如果前后移动中间的板，像的大小也会随之发生变化。

　　古代人民从大量的观察事实中认识到光是沿直线传播的，并通过小孔成像实验证明了光这一性质。这在世界上是绝无仅有的。

　　在战国末期的诸侯国韩国，有一个人请了一位画匠为他画一张画。画匠告诉他，这幅画需要很长时间，因此让他回家耐心地等候。

　　3年后的一天，画匠终于告诉他，他要的画现在画成了。

　　这个人来到画匠家一看，只见8尺长的木板上只涂了一层漆，什么画也没有。于是，他非常气愤，认为画匠欺骗了他。

　　画匠说："请不要生气，看这幅画需要一座房子，房子要有一堵高大的墙，再在这堵墙对面的墙上开一扇大窗户，然后把木板放在窗上。每天早晨太阳一出来，你就会在对面的墙上看到这幅图画了。"

　　这个人半信半疑，照画匠的吩咐修了一座房子。果然，在屋子的墙壁上出现了亭台楼阁和往来车马的图像，好像一幅绚丽多彩的风景画。

尤其奇怪的是，画上的人和车还在动，不过都是倒着的！这个人端详着这幅画，一时间，不知是喜还是忧。

其实，对于倒像现象，此前的墨翟已经通过成像实验，对之作出了合理的解释。

墨翟是春秋末战国初期著名的思想家、教育家、科学家、军事家，也是墨家学派的创始人。后来其弟子收集其语录，完成《墨子》一书传世。

其中就有关于倒像的记述。

墨翟和他的学生，做了世界上第一个小孔成倒像的实验，解释了小孔成倒像的原因，指出了光的直线进行的性质。这是对光直线传播的第一次科学解释。

墨家的小孔成倒像实验非常有趣：在一间黑暗的小屋朝阳的墙上开一个小孔，人对着小孔站在屋外，屋里相对的墙上就出现了一个倒立的人影。

为什么会有这奇怪的现象呢？

墨家解释说，光穿过小孔如射箭一样，是直线行进的，人的头部遮住了上面的光，成影在下边，人的足部遮住了下面的光，成影在上边，就形成了倒立的影。这是对光直线传播的第一次科学解释。

墨家还利用光的这一特性，解释了物和影的关系。飞翔着的鸟儿，它的影也仿佛在飞动着。对此，墨家分析了光、鸟、影的关系，揭开了影子自身并不直接参加运动的秘密。

墨家指出，鸟影是由于直线行进的光线照在鸟身上被鸟遮住而形成的。当鸟在飞动中，前一瞬间光被遮住出现影子的地方，后一瞬间就被光所照射，影子便消失了；新出现的影子是后一瞬间光被遮住而形成的，已经不是前一瞬间的影子。因此，墨家认为影子不直接参加运动。因为鸟飞动的时候，前后瞬间影子会连续不断地更新，并且变动着位置，看起来就觉得影是随着鸟在飞动一样。

在2000多年前，我国古人能这样深入细致地研究光的性质，解释影的动和不动的关系，确实是难能可贵的。

对于小孔成像现象，元代天文数学家赵友钦在他所著的《革象新书》中，进一步详细考察了日光通过墙上孔隙所形成的像和孔隙之间的关系。

赵友钦发现，当孔隙相当小的时候，尽管孔隙的形状不是圆形的，所得的像却都是圆形的。孔的大小不同，但是像

的大小相等，只是浓淡不同。如果把像屏移近小孔，所得的像变小，亮度增加。对于这一现象，赵友钦经过精心思索和研究，得出了关于小孔成像的规律。

他认为孔相当小的时候，不管孔的形状怎样，所成的像是光源的倒立像，这时孔的大小只不过和像的明暗程度有关，不改变像的形状。当孔相当大的时候，所得到的像就是孔的正立像。

为了证实这个结论，赵友钦设计了一个比较完备的实验程序。

首先在楼下的两间房子的地板中各挖两个直径4尺多的圆井，右边的井深4尺，左边的深8尺，在左井里放置一张4尺高的桌子，这样两井的深度就相同了。

然后做两块直径4尺的圆板，板上各密插1000多支蜡烛，点燃后，一块放在右井井底，一块放在左井桌上。

接着在井口各盖直径5尺，中心开小方孔的圆板，左板的方孔宽1寸左右，右板的方孔宽半寸左右。

这时，就可以看到楼板上出现的都是圆像，只是孔大的比较亮，孔小的比较暗。

赵友钦用光的直线传播的道理，说明了东边的蜡烛成像于西，西边的成像于东，南边的成像于北，北边的成像于南。由于1000多支烛是密集成圆形的，所成的像也相互连接成为圆像。

在光源、小孔、像屏距离不变的情况下，所成的像形状不变，只有照度上的差别：孔大的"所容之光较多"，因而比较亮；孔小的"所容之光较少"，因而比较暗。

如果把右井里东边的蜡烛熄灭500支，那右边房间楼板上的像西边缺半，相当于日月食的时候影和日、月食分相等一样。

如果左边蜡烛采取疏密相间的方法点燃二三十支，像虽然是圆形分布，但却是一些不相连接的暗淡方像；如果只燃一支烛，方孔对于烛光源来说不是相当小，因而出现的是方孔的像；把所有的烛重新点着，左边的像就恢复圆形。

在实验中，赵友钦又在楼板上平行于地面吊两块大板作为像屏，这时像屏距孔近，看到的像变小而明亮。

接着去掉两块吊板，仍以楼板作为像屏，撤去左井里的桌子，把蜡烛放到井底，这时左井的光源离方孔远，左边的楼板上出现的像变小，而且由于烛光弱，距离增加后亮度也变弱。

从这些实验结果，赵友钦归纳得出了小孔成像的规律，指出了光源的远近、强弱和小孔、像屏的远近之间的关系：

像屏近孔的时候像小，远孔的时候像大；烛距孔远的时候像小，近孔的时候像大；像小就亮，像大就暗；烛虽近孔，但是光弱，像也就暗；烛虽远孔，但是光强，像也就亮。

实验的最后一步是撤去覆盖井面的两块板，另在楼板下各悬直径一尺多的圆板，右板开4寸的方孔，左板开各边长5寸的三角形孔，调节板的高低，就是改变光源、孔、像屏之间的距离。

这时，仰视楼板上的像，左边是三角形，右边是方形。这说明孔大的时候所成的像和孔的形状相同；孔

距屏近，像小而明亮；孔距屏远，像大而暗淡。

从以上实验的结果，赵友钦得出了小孔的像和光源的形状相同、大孔的像和孔的形状相同的结论，并指出这个结论是"断乎无可疑者"。

用如此严谨的实验，来证明光的直线传播，阐明小孔成像的原理，这在当时世界上是绝无仅有的。充分表现了我国古代劳动人民的智慧。

延 伸 阅 读

墨翟关于物理学的研究涉及力学、光学、声学等分支。在光学史上，墨翟是第一个进行小孔成像实验的科学家，并对平面镜、凹面镜、凸面镜等进行了系统的研究，得出了几何光学的一系列基本原理。墨子还对杠杆、斜面、重心、滚动摩擦等力学问题进行了研究。

对光学仪器的研制

凡是利用光学原理进行观察或测量的装置，叫做"光学仪器"。我国古代劳动人民根据平面镜、球面镜及透镜具有的奇特现象制作了许多光学仪器。

我国古代曾经制造了世界上最早的光学仪器铜镜和潜望镜。随着对凸面镜和凹面镜的认识，后来又进行了眼镜、望远镜、显微镜、探照灯等光学仪器的研制。

唐开元年间中秋之夜，唐明皇李隆基邀请申天师及方士罗公一同赏月。3个人赏月把酒言欢之际，唐明皇心悦，想到月宫游历一番。

于是，申天师做法，方士罗公远掷手杖于月空，化作一座银桥，桥的那边是一座城阙，横匾上书：广寒清虚之府。

罗公远对唐明皇言道："此乃月宫是也！"

唐明皇踏银桥升入月

宫，见仙女数百，婀娜多姿，翩翩起舞与广庭之上，看得皇上如痴如醉。他原本精熟乐律，闻听仙乐优美，便默记曲调，决定在他的皇宫奏出此曲。

回到人间后，唐明皇即令主管宫廷乐舞的官员依此整理出一首优美动听，仿佛天外之音的曲子，配上宫廷舞女的舞姿，即为著名的《霓裳羽衣曲》。

唐王游月宫的传说成为了流传千古的佳话；月宫也因此有"广寒宫"之称。辽代时期铸有"唐王游月宫镜"，以纪此事。此镜是我国古代人物故事镜中的杰作。现已被考古工作者发掘，成为出土文物了。

此镜直径21.8厘米，厚0.75厘米，重达1460克，纹饰采用高浮雕和线雕相结合。

硕大的铜镜镜体犹如一轮满月，高低起伏的纹饰之间仿佛映现月中寒宫；月宫的楼阁时隐时现，摇曳的桂树在月影中晃动着枝头；捣药的玉兔分外高兴，迎客的金蟾舒展着身躯；随风的流云，弯曲的月桥，桥下水潭中现身的神龙跃跃欲试；驾云而来的唐王。好一派天上仙境，人间胜景，让人不能不感叹古人的智慧和独具匠心的铸造工艺。其实，我国在3000年前就制造和使用了铜镜，并且很早就对光的反射有深刻的认识。

我国古代造镜技术非常发达，并且对各种镜子成像原理有深入的研究。早在先秦时期，我国就已经使用铜镜，至今仍被人们看做世界文明史上的珍品。

除了铜镜外，古人还利用平面镜反射的原理，制成了世界上最早的潜望镜。西汉时期淮南王刘安《淮南万毕术》一书中，有"取大镜高悬，置水盆于下，则见四邻矣"的记载。这个装置虽然粗糙，但是意义深远，近代所使用的潜望镜就是根据这个道理制造的。在利用平面镜的同时，人们又发现了球面镜的奇特现象。球面镜有凹面镜和凸面镜两种。

认识凹面镜的聚焦特性，利用凹面镜向日取火，在我国有悠久的历史。在古代，我国把凹面镜叫做"阳燧"，意思就是利用太阳光来取火的工具，这是对太阳能的最初利用。

早在春秋战国时期，墨翟和他的学生就对凹面镜进行了深入研究，并且把他们的研究成果，记载在《墨经》一书中。

他们通过实验发现，当物体放在球心之内时，得到的是正立的像，距球心近的像大，距球心远的像小。当时墨家已经明确地区分焦点和球心，把焦点称作"中燧"。墨家对凸面镜也进行了研究，认识到物体不管是在凸面镜的什么地方，都只有一个正立的像。宋代科学家沈括在《梦溪笔谈》中总结古代铸镜的技术说：如果镜大，就把镜面做成平面；如果镜小，就把镜面做成微凸，这样镜面虽然小，也能照全人的脸。

　　沈括还在前人研究的基础上，正确地表述了凹镜成像的原理。他指出：用手指放在凹面镜前成像，随着手指和镜面的距离远近移动，像就发生变化。

　　沈括用这个事例说明了凹面镜成像和焦点的关系。当手指迫近镜面的时候，得到的是正立的像；渐远就看不见像，这就是因为手指在焦点处不成像；超过了焦点，像就变成倒像。他指出四镜"聚光为一点"，并把这点叫做"碍"，就是近代光学上所谓"焦点"。

由于我国古代没有应用玻璃，对于透镜的知识比较差。但是具有聪明才智的我国古人，通过特殊的方法，还是认识到了凸透镜的聚焦现象。

晋代的科学家张华在其所著的《博物志》一书中说："削冰命圆，举以向日，以艾承其影，则得火。"这可以说是巧夺天工的发明创造。冰遇热会融化，但是古人把它制成凸透镜，利用聚焦，来取

得火。这看起来是不可思议的，但是事实上是可能的。从这里可以看出，当时对凸透镜的聚焦已经有充分的认识。

古人不仅认识到了凹面镜和凸面镜的特点，还利用这一原理制造了眼镜、望远镜等光学仪器。

我国的眼镜大约是在元明时期从外国传入的。初传来时可能只用一片，拿在手里照视，叫做"单照"，至明代已有"合则为一，歧则为二"的双片眼镜，名叫"优逮"。当时眼镜极为珍稀、昂贵。至清代，广东、苏州等地都自制眼镜，广州还出现了"眼镜街"。然后，杭州、北京、上海等地都相继出现眼镜店。故宫里面也专设"眼镜作"。

眼镜品种也增加了，有各种度数的近视、远视、平光、上平下凸等，还有"随目对镜"，质量提高，售价下降，遂使眼镜得以逐渐普及起来。眼镜业在我国的兴起，培养了一批磨镜技工，对于光学仪器的研究与制造有很大的意义。

望远镜在明清时期称为"远镜"、"千里镜"、"窥远镜"、"窥天镜"等。

1631年，科学家薄珏创造性地把望远镜装置在自制的铜炮上。这一创举是很有意义的。世界上采用光学仪器作为瞄准器，还只是近几十年才有的。世界著名科学史家英国的李约瑟博士说："不论薄珏是不是望远镜的独立发明者，但他应得到望远镜首先用在大炮上的荣誉。"

后来，望远镜也被配置在天文观测与大地测量仪器上。明代历法家李天经领导的编订历法的"历局"也制造过望远镜。

明代末期光学仪器制造家孙云球最早研制成功望远镜。他曾经和一位近视朋友文康裔同登苏州郊外的虎丘山，使用自制的"存目镜"清楚地看到城内的楼台塔院，就连较远的天平、灵岩、穹窿等山也历历如在目前。

孙云球的"存目镜"据说能"百倍光明，无微不瞩"，大概就是放大镜。他还发明了一种"察微镜"。

清代科学家郑复光在其所著的《镜镜詅痴》中对望远镜的种类、结构、原理、用法与保养，介绍得十分详细，而且切于实际，被后人给予很高的评价。书中介绍过一种"通光显微镜"，基本上也还是放大镜，只是配上平面反射镜，能够减轻目力负担。

郑复光《镜镜詅痴》专门介绍过"取景镜"，不但有旧式的

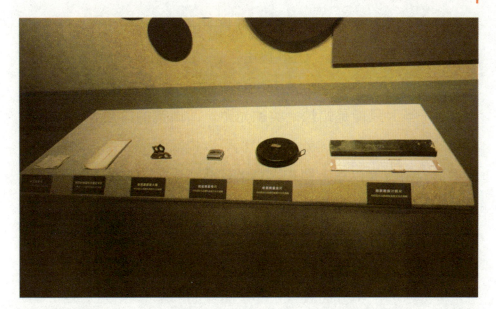

与改进式的，而且对于它的原理构造以及优缺点一一作出说明并附有装置图。这个取景器是在毛玻璃或在透明玻璃上铺上白纸摄取景物的实像。

大概在1844年至1867年之间，科学家邹伯奇在《镜镜詅痴》所介绍的取景器的基础上，去掉反射平面镜，加上照相感光片和快门、光圈等部件，制成了照相机。这在当时还是十分新奇的技术。邹伯奇还摸索配制感光材料，又取得了很好的结果。他用自己研制的全套设备材料拍摄了不少的照片，这些照片成为我国目前所能见到的最早的摄影作品之一。

其中一张现存于广州市博物馆，虽历时百余年仍然形象清晰，表明了邹伯奇研制的全套照相设备材料具有很高的质量。

据史籍记载，探照灯在我国明代末期便已出现，是将烛焰放在凹面镜附近的焦点上，烛焰所发出的光经凹面镜反射后，照到壁上，犹如月光照到壁上一般。

明代末期青年发明家黄履庄也制造出了"瑞光镜",最大的直径达五六尺。据说"光射数里","冬月人坐光中,遍体生温,如在太阳之下"。显然其射程和辐射热量有些夸张渲染。

由于当时只能是蜡烛之类的光源,凹面镜的口径大,它所能容纳的光源也就大,这就使得人们可以提高光源强度,这样经过反射形成平行光以后,照在人身上就有"遍体生温"的感觉,亮度也大大增加了。明清时期我国民间研制的光学仪器还很多,例如"万花筒"、"映画器"、"西湖景"等,这些东西的研制也已经受到西方知识的启发。

从上面的介绍可以看出,光学仪器制造是我国古代物理学的显著成就之一。表明我们祖先对人类科学宝藏的贡献!

延 伸 阅 读

清代初期物理学家黄履庄不仅在光学仪器制造方面有很多贡献,还发明了世界上第一辆自行车。据《清朝野史大观》记载,他制造的自行车,前后各有一个轮子,骑车人手摇轴旁曲拐,车就能前进,这是史料记载最早的自行车。而发明自行车也是康乾盛世的扬州在科技创新方面领先国内外水平的一个重要标志。

磁现象与电现象记载

　　古代关于磁学的知识相当丰富。我们祖先对磁的认识，最初是从冶铁业开始的。古籍中记载了很多有关磁学知识。

　　磁与电有本质上的联系。古代对于某些静电现象的记载，如摩擦起电、地光与极光的电磁现象等，这恰恰是和磁现象相并列的。

　　秦始皇统一六国之后，自觉功绩可以与三皇五帝相比。他嫌都城咸阳的宫室太小，不足以展现自己君临天下的威仪，就在公元前212年，下令在王家园囿上林苑所在的渭河之南、皂河之西，建造规模庞大的宫殿群落阿房宫。

　　相传当年秦始皇在建造阿房宫北阙门时，令能工巧匠们"累磁石为之"，故称"磁石门"。磁石门运用了

"磁石召铁"的原理，类似现代的安全检查门。

磁石门的作用，一是为了防止行刺者，在入门时以磁石的吸铁性能使隐甲怀刃者不能通过；二是为了向"四夷朝者"显示神奇，使其惊恐却步，不敢有异心，也称"却胡门"。

磁石门的营造，反映了秦国高超的科学技术水平。这在我国乃至世界历史上尚属首创，可以算得上是世界科技史上的一大创举。

其实远在2000多年前，我国古代劳动人民就开始同磁打交道。人们在同磁石不断地接触中，逐渐了解到它的某些特性，并且利用这些特性来为人类服务。古人在寻找铁矿的过程中，必然会遇到磁铁矿，就是磁石。我国古籍中关于磁石的最早记载，是在《管子·地教篇》中："上有慈石者，下有铜金。"

古代人把磁石的吸铁特性比作母子相恋，认为"石，铁之母也。以有慈石，故能引其子；石之不慈者，亦不能引也"。

因此，汉代初期，都是把"磁石"写成"慈石"。

对于磁石吸铁这一问题，宋代道士陈显微和道教学者俞琰曾经做了探讨，认为磁石所以吸铁，是有它们本身内部的原因，

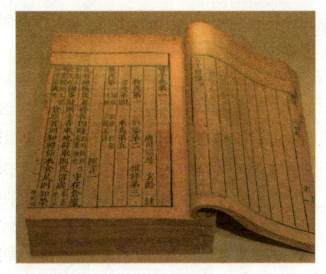

是由铁和磁石之间内在的"气"的联系决定的，是"神与气合"使然。

明代末期地理学家刘献廷在他的《广阳杂记》一书中也说道，磁石吸铁是由于它们之间具有"隔碍潜通"的特性。刘献廷还把铁的磁屏蔽作用理解为"自然之理"。

这种力图用自然界本身来解释自然现象的观点是唯物主义的，考虑到当时的科学水平，也只能作出这样的解释。

我国古代还把磁石吸铁性应用于生产上。清代乾隆年间进士朱琰著的《匋说》记有古代烧白瓷器的时候，用磁石过滤釉水中的铁屑。因为素瓷如果沾有铁屑，烧成后就会有黑斑。

磁石也应用于医疗上，明代医学家李时珍的《本草纲目》记载，宋代的人就用磁石吸铁作用来进行某种外科手术，如在眼里或口里吸收某些细小的铁质异物。这在现代已经发展为一种专门的磁性疗法，对关节炎等疾病显示出良好的疗效。

我国关于地球磁场可以磁化铁物的记载，也常见于一些著作

中。如明代方以智的《物理小识》卷八《指南说》的注中引滕揖的话："铁条长而均者，悬之亦指南。"

磁偏角、磁倾角和地磁场的水平分量称作"地磁三要素"。欧洲人对磁偏角的发现是在哥伦布海上探险途中的1492年，磁倾角的发现还要晚一些。而我国对磁偏角、磁倾角的发现都要早得多。北宋时军事著作《武经总要》所记述的制指南针法，是包含有一定的地磁学知识的。甚至有关磁倾角的知识也反映在这种磁化法中。既然指南针在磁化过程中要北端向下倾斜，这就隐含着当时的人们已经意识到有个倾角的存在。至今所发现的有关磁偏角的比较权威的文献记载，是北宋时期沈括的《梦溪笔谈》。

沈括在磁学上的贡献有如下三点：一是给出了人工磁化方法；二是在历史上第一次指出了地磁场存在磁偏角；三是讨论了指南针的4种装置方法，为航海用指南针的制造奠定了基础。

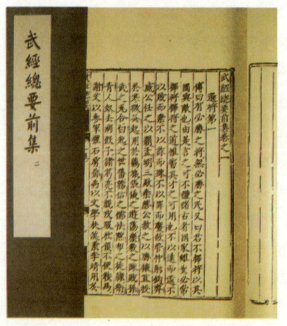

另外，沈括对大气中的光、电现象也进行了研究。从后来的地磁学发展知道，磁偏角是随地点的变化而变化的，而同一地点的磁偏角大小又随时间的推移而不断改变。这些变化是由于地磁极不断变动所致。至南宋时期，磁偏角因地而异的情况有了更明确的记载，并且被应用到堪舆罗盘上。至元明清时期，堪舆罗盘也都设有缝针，而且不同时期、不同地域所制的罗经盘的缝针方位也都不一致。这可以看成是我国古代关于偏角因时、地而变化的原始记录。

在物理学上，磁与电有着本质上的联系。我国古人把磁现象与静电现象联系在一起，并且统一地归结为"气"，是有意义的。后来人们对于静电吸力的观察更加深入了，发现了一些特别的情况。比如三国时期，人们已经知道"琥珀不取腐芥"。"琥珀"是一种树脂化石，绝缘性能很好，经过摩擦后就能吸引轻小物品。这个现象，汉代以来就为人们所熟知。

"腐芥"是指腐烂了的芥籽，必定满含水分，因而具有黏性，容易粘着别的物体上，难以吸动。另外，腐芥上蒸发出水气使周围空气以及和它接触的桌面都潮湿，以致易于导电。当腐芥接近带电体，因感应而产生的电荷，容易为周围的潮湿空气传走，所以静电吸力一定很小。

可见"琥珀的不取腐芥"不但是事实，而且是符合电学原理的，也是人们深入观察研究摩擦起电现象所得到的一个结论。

古人认为，琥珀经过人手的摩擦，容易起电，才是真的琥珀。可见，古人已经知道以是否具有明显的静电性质，作为鉴别真假琥珀的标准，这是初步的电学知识的实际应用。

摩擦起电在一定条件下，能够发生火星，并伴随轻微的声响。这种称为"电致发光"的现象，在古代也时有发现与记录。

晋代张华《博物志》记载："今人梳头、脱着衣时，有随梳、解结有光者，也有咤声。"这里记载了两个现象，一个是梳子和头发摩擦起电，另一个是外衣和不同原料的内衣摩擦起电。

古代的梳子，有漆木、骨质或角质的，它们和头发摩擦是很容易起电的；丝绸、毛皮之类的衣料，互相摩擦也容易起电。当天气干燥，摩擦强烈时，确实能有火星与声响。当然这火星与声响是十分微弱的，古人能觉察到，说明十分仔细、认真。古代观察到的电磁现象，比较有代表性的除了雷电以外就是地光与极光。

我国古代关于地光的记载，以各地方志里为最多，例如：《成都志》记载，293年2月4日，成都发生地震之前，"有火光入

地"；《正德实录》
记载，1513年12月
30日，四川"有火轮
见空中，声如雷，次
日戊戌地震"；《颍
上县志》记载，1652
年3月24日，安徽颍
上地震发生时，"红
光遍邑"等。

　　所有这些文字里的"火光"、"火轮"、"红光"等都是古人形容地光的名词。上述这些记载是如此确切、生动，它们是科学史上极其珍贵的资料。它们的意义在于地光能够反映岩层的活动，和地震有着密切的内在联系，尤其是有助于临震预报。

　　极光有北极光和南极光。我国地处北半球，故只能看到北极光。高纬度地区看到极光的机会比较多，但在中低纬度地区偶尔也可以看到，不过亮度要弱得多。

　　一般认为极光的原因在于：太阳发射出来的无数带电粒子受到地球磁场的作用，运动方向发生改变，它们沿着地球磁力线降落到南、北磁极附近的高空层，并以高速钻入大气层，这些带电粒子跟大气中的分子、原子碰撞，致使大气处于电离并发光，这就是极光。各种原子发出不同的色光，所以极光呈现五彩缤纷的颜色：一般为黄绿色，也有白色、红色、蓝色、灰紫色，或者间而有之。

　　我国古代关于极光的记载很早。远在几千年前传说的黄帝时期就曾出现过"大电光绕北斗枢星"。战国时期的《竹书纪年》记录了大约发生在公元前950年的一次极光："周昭王末年，夜清，五色光贯紫微。其年，王南巡不返。"描述了极光的时刻、方位和光色，是我国最早而翔实的极光记载，比西方早了600多年。我国古代关于极光的记载是很丰富的。当时没有极光的名称，而是根据各种极光现象的形状、大小、动静、变化、颜色等分别加以称谓。这种分类命名法，最早见于《史记·天官书》，可见至少已有2000多年的历史了。

极光是研究日地关系的一项重要课题，它跟天体物理学和地球物理学都有密切的关系。古代记载下来的极光史料，可以帮助人们了解过去太阳活动、地磁、电离层等变动的规律，还可以探讨古地磁极位置的变迁过程。

延 伸 阅 读

附宝是有娇氏部族的女子，有熊国国君少典的妻子，黄帝公孙轩辕的母亲。附宝与少典成婚后，有道光芒从天而降，竟然落在附宝身上，附宝只感到腹中有动，自此就有了身孕。

附宝感极光而有身孕，显然是神话传说，但这种传说反映了远古人们的认知力。

人工磁化法的发明

　　我国很早就发现了天然磁石能够指示南北的特性，进而掌握了人工磁化技术。这在磁学和地磁学的发展史上是一件大的事，也对指南针的应用和发展起了巨大的作用。

　　人工磁化方法，是我国古代劳动人民通过长期的生产实践和反复多次的试验而发明的，这在磁学和地磁学的发展史上是一个飞跃。

　　汉武帝好神仙，所以汉武帝一朝涌现出了许多有名的术士。当时有个方士栾大，这个人喜欢说大话，夸海口时连眼睛都不眨。

　　有一天，栾大和汉武帝说："我曾经出海神游，和仙人相见。这些仙人身藏仙

药，人吃了可以长生不老。"

汉武帝对栾大的话将信将疑。栾大自告奋勇先表演一个小方术，让汉武帝验明正身，开开眼界。

栾大表演的是斗棋。他事先用鸡血、铁屑和磁石掺在一起，捣好后涂在棋子上面。表演的时候，他把棋子摆放在棋盘上，故意念念有词，棋子由于磁力吸引，互相撞击个不停。

不知就里的汉武帝和在场的人看得眼花缭乱，以为有神力驱使，禁不住连声喝彩。遂拜栾大为"五利将军"，并让栾大赶紧去东海寻访神仙。

焦灼的汉武帝询问栾大何时入海。

栾大不敢冒着生命危险入海，就到泰山做法事去了。

栾大欺骗汉武帝的本领确有独到之处，他能让棋子在磁棒牵引下互相撞击，但同时也说明他对磁铁是很有认识的。

其实，栾大斗棋所用的方法，是古书中记载的人工磁化法之一，即"磁粉胶合法"。

古人对于磁铁的认识和利用由来已久，而且掌握了一定的人工磁化法。我国古籍中有关人工磁化法的记载，基本上有3种：磁粉胶合法、地磁感应法和摩擦传磁法。

　　磁粉胶合法始于汉代。西汉《淮南万毕术》说"慈石提棋"，其做法是用起润滑作用的鸡血磨针，将磨针时所得的鸡血与铁粉混合物中拌入磁石粉末，涂在棋子表面。晾干后摆在棋盘上，会出现棋子相互吸引或相互排斥现象。

　　很明显，这种棋子已成为人造磁体。

　　从理论上看，每颗磁石粉末均具有极性，掺入铁屑能大大增强磁畴。将磁粉与铁粉粘在棋子上，放在地磁场中慢慢晾干，在晾干过程中，每个磁石与铁的小颗粒必循着地球磁感应线作有规则的排列，棋子会显极性，它能与磁石相吸或相斥。

　　南宋时期庄绰在《鸡肋篇》中曾写道："捣磁石错铁末，以胶涂瓢中各半边"，"以二瓢为试，置之相去一二尺，而跳跃相

就，上下宛转不止。"

明代方以智也记载过类似的事。结合起来看，古代也许确实使用磁粉胶合法制成了人造磁体。

地磁感应法最典型的应用就是北宋《武经总要》所记述的制指南鱼法。这个关于地磁的感应法，是世界上人工磁化方法的最早实践。

这一方法的原理是：首先把铁叶鱼烧红，让铁鱼内部的分子能动增加，从而使分子磁畴从原先的固定状态变为运动状态。

其次，铁鱼入水冷却时必须取南北方向，这时铁鱼就被磁化了。现在分析起来是很有道理的。因为这样使鱼更加接近地磁场方向，最大限度地利用地磁感应。由此可见，古人在那时就已经意识到地磁倾角的存在。

再次，"蘸水盆中，没尾数分则止"，使它迅速冷却，把分

子磁畴的规则排列固定下来，同时也是淬火过程。

最后，指南鱼不用时要放在一个铁制的密闭盒中，以形成闭合磁路，避免失磁，或者顺着一定方向放在天然磁石旁边，继续磁化。

这种磁化法完全是凭经验得来的，但是它是磁学和地磁学发展的重要一环，比欧洲用同样磁化方法早了400多年。

利用地磁场进行人工磁化所得到的磁性还是比较低的，这就限制了这种人工磁体的实用价值。后来，人们又发明了摩擦传磁法。这种人造磁体的方法最早见于北宋沈括所著的《梦溪笔谈》。

沈括在《梦溪笔谈》中说道："方家以磁石磨针锋，则能指南。"意思是说，专门研究物理的人用磁石摩擦针锋，能够使铁针带上磁性。

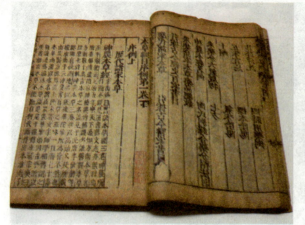

这种方法，简便易行，它的发现与推广，对于磁体的获得与应用，首先是指南针的生产、应用，起到了重大的作用，其价值是无可估量的。

在现代电磁铁出现以前，几乎所有的指南针都是用这种方法制成的。就是在今天这种方法仍然有人使用。

在西方，直至1200年古约特才记载了利用天然磁石摩擦铁针制作指南针的方法，比北宋时期沈括的记载晚了一个多世纪。

由于对磁体性质认识的深化和人造磁体的发明，使得磁体的应用成为可能。古代对于磁体的用途是相当广泛的，除磁指南器外，磁体也被应用到了军事活动中。

西晋武帝时，鲜卑首领秃发树机能攻陷凉州，致使河西地区与中原朝廷断绝联系，晋代朝廷震动。晋武帝力排群臣非议，遂诏命名将马隆为讨虏护军、武威太守。

马隆受命后，立即招募强弩勇士3500人。随即西渡温水，迎击秃发树机能。

马隆于道路两旁堆积磁石，吸阻身着铁铠的秃发树机能部众，使其难以行进。而晋军均被犀甲，进退自如。敌人大为震惊，以为晋军为神兵。

马隆军转战千余里，杀秃发树机能，凉州遂告平定。晋武帝大喜,加封马隆为宣威将军、假节。

马隆以磁石吸阻披甲敌军是否属实,当然还要研究,但至少可以当做设计思想来看。

在生产上,磁体被用于制陶、制药等工艺中,以吸去掺在原料中的铁屑,保证产品的纯净洁白。

我国是世界上采用磁疗治病最早的国家。公元前180年,汉代史学家司马迁在《史记·扁鹊仓公列传》中记载:"齐王侍医遂病,自炼五石服之,口中热不溲者,不可服五石。"其中的"五石"是指磁石、雄黄、曾青、丹砂和白矾。

东汉时期《神农本草经》一书也载有"磁石味辛性寒,主周痹、风湿、肢节肿痛,不可持物。"

南北朝陶弘景认为磁石有"养肾脏，强骨气，益肾除烦，通关节，消痈肿"等治疗作用。

唐代医家孙思邈在《备急千金要方》载有治金疮用"磁石捣末敷之，止痛断血"。

明代医家李时珍《本草纲目》中对用磁石治病也做了比较全面和详尽的记载。

磁石也用在中医手术里。晋代道教学者葛洪曾经提到，当小儿吞针入腹时，可用一块枣核般大的磁石磨光穿以丝线，让小儿吞下，可将铁针吸出。这种治疗小儿误吞针的方法后世多有采用。这些都是磁体物理性质的应用。

以上史实说明，我国古代在认识和应用磁石方面，相当长的一段时间里，是走在世界前列的。

延 伸 阅 读

太阳黑子是一种宇宙磁现象。我国先人早已发现了太阳黑子，并对太阳黑子的活动进行了记载。自公元前165年至1643年，我国史书中观测黑子记录为127次。这些古代观测资料为今人研究太阳活动提供了极为珍贵、翔实、可靠的资料。

指南针的发展与演变

　　指南针是我国四大发明之一。它经过漫长的岁月，跨过了司南和指南鱼两个发展阶段，最终发展成一种更加简便、更有实用价值的指向仪器。

　　指南针的发明，尤其是指南针在航海中的应用，打开了世界磁性导航的先河。

　　最初的指南针古人称它"司南"。"司南"是指南的意思。它是用天然磁石制成的。

　　磁石的南极磨成长柄，放在青铜制成的光滑如镜的地盘上，再铸上方向性的二十四向刻纹。这个磁勺在地盘上停止转动时，勺柄指的

方向就是正南，勺口指的方向就是正北，这就是传统上认为的世界上最早的磁性指南仪器。

东汉时期的王充在他的《论衡·是应篇》中曾说："司南之杓，投之于地，其柢指南。"这里的"地"就是上面所说的"地盘"。

从战国、秦汉、六朝至隋唐时期的古籍中，有不少关于司南的记载。如《韩非子·有度篇》里有"先王立司南以端朝夕"的话，"端朝夕"就是正四方的意思。《鬼谷子·谋篇》里也记载说，郑国的人到远处去采玉，就带了司南去，以便不迷失方向。

古代的司南是用天然磁石经人工用琢玉的办法琢磨成的。商周时期琢玉工人的技术已经很精湛，至迟在春秋时期，就已经能把软玉和硬玉琢制成各种形状的玉器，因此也能够把低硬度的天然磁石制成形体比较简单的司南来。

由于天然磁石在琢制成司南的过程中不容易找出准确的两极方向，而且也容易因受震而失去磁性，因而成品率低。

同时，也因为这样琢制出来的司南磁性比较弱，而且在和地盘接触的时候转动摩擦阻力比较大，效果不很好，因此这种司南未能得到广泛的使用。

北宋初年，出现了指南鱼和指南针。指南鱼在行军需要的时候，只要用一只碗，碗里盛半碗水，放在无风的地方，再把铁叶鱼浮在水面，就能指南。但是这种用地磁场磁化法所获得的磁体磁性比较弱，实用价值比较小。

指南针是以天然磁石摩擦钢针制得。钢针经磁石摩擦之后，便被磁化，也同样可以指南。

关于磁针的装置法，北宋时期科学家沈括亲自做了4种实验，这就是水浮法、碗唇旋定法、指甲旋定法和缕悬法。

水浮法是将磁针上穿几根灯心草浮在水面，就可以指示方向；碗唇旋定法是将磁针搁在碗口边缘，磁针可以旋转，指示方向；指甲旋定法是把磁针搁在手指甲上面由于指甲面光滑，磁针

可以旋转自如，指示方向；缕悬法是在磁针中部涂一些蜡，粘一根蚕丝，挂在没有风的地方，就可以指示方向了。

其实这4种方法各有优点，它们在后来都有不同程度的发展，都在实际中得到不同程度的应用。

而且前两种的应用还更加普遍。特别是水浮法，在我国指南针发展史上占有重要的地位。

从已经发现的古代文献和地下出土文物可以看出，从两宋时期起，历元明清时期，水浮法指南针在航海上和堪舆上都一直使用。有的还使用到清代的中后期。

这种水浮法，据元代药学家寇宗奭的《本草衍义》所说，是用灯芯草或其他比较轻的物体做浮标，让磁针贯穿而过，使它浮在水面而指南。

南宋时期学者陈元靓在他所撰的《事林广记》中，也介绍了当时民间曾经流行的有关指南针的两种装置形式，就是木刻的指南鱼和木刻的指南龟。

木刻指南鱼是把一块天然磁石塞进木鱼腹里，让鱼浮在水上而指南。木刻指南龟的指向原理和木刻指南鱼相同，它的磁石也是安在木龟腹中，但是它有比木鱼更加独特的装置法，就是在木龟的腹部下方挖一小穴，然后把木龟安在竹钉子上，让它自由转动。这就是说，给木龟设置一个固定的支点。拨转木龟，待它静止之后，它就会南北指向。

正如在使用司南时需要有地盘配合一样，在使用指南针的时候，也需要有方位盘相配合。

最初，人们使用指南针指向可能是没有固定的方位盘的，但是不久之后就发展成磁针和方位盘联成一体的罗经盘，或称"罗盘"。方位盘仍是汉时地盘的二十四向，但是盘式已经由方形演变成环形。罗经盘的出现，无疑是指南针发展史上的一大进步，只要一看磁针在方位盘上的位置，就能定出方位来。

南宋时期学者曾三异在《同话录》中说道："地螺或有子午正针，或用子午丙壬间缝针。"

这里的"地螺"就是地罗，也就是罗经盘。这是一种堪舆用的罗盘。这时候已经把磁偏角的知识应用到罗盘上。

这种堪舆罗盘不但有子午正针，即以磁针确定的地磁南北极方向，还有子午丙壬间的缝针，即以日影确定的地理南北极方向。这两个方向之间有一夹角，这就是磁偏角。

当时的罗盘，还是一种水罗盘，磁针还都是横贯着灯芯草浮在水面上的。北宋时期书画家徐兢的《宣和奉使高丽图经》中说，在海上航行时，遇到阴晦天气，就用指南浮针。

旱罗盘大概出现在南宋。旱罗盘是指不采用"水浮法"放置指南针磁针的罗盘，通常是在磁针重心处开一个小孔作为支撑点，下面用轴支撑，并且使支点的摩擦阻力十分小，磁针可以自由转动。显然，旱罗盘比水罗盘有更大的优越性，它更适用于航海，因为磁针有固定的支点，而不会在水面上游荡。

旱罗盘的这种磁针有固定支点的装置法，最初的思想起源很早。因为司南就有一定的支点，另外沈括的磁针装置试验，也有设置固定支点。指南针作为一种指向仪器，在我国古代军事上，生产上，日常生活上，地形测量上，尤其在航海事业上，都起到了重要的作用。

我国的指南针大约是在12世纪末至13世纪初经过阿拉伯传入欧洲的，对世界经济的发展起到了积极作用。

延 伸 阅 读

明代初期航海家郑和率船队"七下西洋"，之所以安全无虞，全靠指南针的忠实指航。

郑和船队从江苏刘家港出发到苏门答腊北端，沿途航线都标有罗盘针路，在苏门答腊之后的航程中，又用罗盘针路和牵星术相辅而行。指南针为郑和开辟我国到东非航线提供了可靠的保证。

对力的认识与运用

力是物理学中很重要、很基本的概念，它的形成在物理学史上经过了漫长的时间，后来物理学家才对它作出准确的定义。

我国古人通过对力的研究，掌握了基本的力学法则，还认识到浮力原理、水的表面张力、虹吸管及其大气压力等，并留下了丰富的史料。

曹冲是曹操的儿子，自小生性聪慧，五六岁的时候，智力就和成人相仿，深受曹操喜爱。有一次，东吴的孙权送给曹操一头大象，曹操带领文武百官和小儿子曹冲，一同去看。曹操的人都

没有见过大象。这大象又高又大，光说腿就有大殿的柱子那么粗，人走近比一比，还够不到它的肚子。

曹操对大家说："这头大象真是大，可是到底有多重呢？你们哪个有办法称它一称？"

这么大个家伙，可怎么称呢？大臣们纷纷议论开了。大臣们想了许多办法，一个个都行不通，真叫人为难了。

这时，从人群里走出一个小孩，对曹操说："父亲，儿有一法，可以称大象。"

曹操一看，正是他最疼爱的儿子曹冲，就笑着说："你小小年纪，有什么法子？"

曹冲把办法说了。曹操一听连连叫好，吩咐左右立刻准备称象，然后对大臣们说："走！咱们到河边看称象去！"

众大臣跟随曹操来到河边。河里停着一艘大船，曹冲叫人把象牵到船上等船身稳定了，在船舷上齐水面的地方，刻了一条痕迹。

再叫人把象牵到岸上来，把大大小小的石头，一块一块地往船上装，船身就一点儿一点儿往下沉。等船身沉到刚才刻的那条痕迹和水面一样齐了，曹冲就叫人停止装石头。

大臣们睁大了眼睛，起先还摸不清是怎么回事，看到这里不由得连声称赞："好办法！好办法！"

　　现在谁都明白，只要把船里的石头都称一下，把重量加起来，就知道象有多重了。曹操自然更加高兴了。他眯起眼睛看着儿子，又得意洋洋地望望大臣们，心里好像在说：你们还不如我的这个小儿子聪明呢！曹冲称象的方法，正是浮力原理的具体运用。其实在我国史籍中记述了各种各样的力，其中不乏有趣的故事，古人对力的认识是值得称道的。

　　在甲骨文中，"力"字像一把尖状的起土农具一样。用耒翻土，需要体力。这大概是当初造字的本意。

　　《墨经·经上》最早对力作出有物理意义的定义：力是指有形体的状态改变，如果保守某种状态就无需用力了。

　　墨家定义力，虽然没有明确把它和加速度联系在一起，但是

他们从状态改变中寻找力的原因，实际上包含了加速度的概念，它的意义是极其深远的。

战国初期成书的《考工记·辀人》最早记述了惯性现象。它描述赶马车的经验：在驾驶马车过程中，即使马不再用力拉车了，车还能继续往前走一小段路。

对重力现象最早作出描写的是《墨经·经下》。它指出，当物体不受到任何人为作用时，它做垂直下落运动。这正是重力对物体作用的结果。在力学中有一条法则：一个系统的内力没有作用效果。饶有趣味的是，我国人发现和这有关的现象惊人的早。

《韩非子·观行篇》中最早提出了力不能自举的思想："有乌获之劲，而不得人助，不能自举。"据说是秦武王宠爱的大力士，能举千钧之重。但他却不能把自己举离地面。

东汉时期王充也说，一个身能负千钧重载，手能折断牛角，拉直铁钩的大力士，却不能把自己举离地面。然而，这正是真理所在。再大力气的人，也不能违背上述那条力学法则。因为当自身成为一个系统时，他对自己的作用力属于内力。系统本身的内力对本系统的作用效果等于零。

在我国关于浮力原理的最早记述见于《墨经·经下》，大意说：形体大的物体，在水中沉下的部分很浅，这是平衡的缘故。这一物体侵入水中的部分，即使浸入很浅，也是和这一物体平衡的。这表明墨家已懂得这种关系，他们是在阿基米德之前约200年表达这一原理的。

浮力原理在我国古代得到广泛应用，史书上也留下了许多生动的故事。

据记载，战国时燕国国君燕昭王有一头大猪，他命人用杆秤称它的重量。结果，折断了10把杆秤，猪的重量还没有称出来。他又命水官用浮舟量，才知道猪的重量。

除了用舟称物之外，用舟起重也是我国古人的发明，这方面的例子也有很多。对于液体的表面张力现象古人也有认识。表面张力是发生在液体面上的各部分互相作用的力，它是液体所具有的性质之一。表面薄膜、肥皂泡、球形液滴等都是由于表面张力而形成的。

据记载，明熹宗朱由校玩过肥皂泡，当时人称它"水圈戏"。方以智说："浓碱水入秋香末，蘸小葭圈挥之，大小成球飞去。"水的表面张力虽然不算大，但如果把像绣花针那样的比较轻的物体小心地投放水面，针也能由于水的表面张力而不下沉。我国古代的妇女们就利用这种现象于每年农历七月初七进行"丢针"的娱乐活动。明代学者刘侗的《帝京景物略·春场》中在记述"丢针"时写道，由于"水膜生面，绣针投之则浮。"这些话表明当时的人们已经提出了表面张力的物理效应的问题。

古人对大气压力也有认识。虹吸管一类的虹吸现象，就是由于大气压力的作用而产生的。虹吸管，在古代叫"注子"、"偏提"、"渴乌"或"过山龙"。东汉末年出现了灌溉用的渴乌。西南地区的少数民族用一根去节弯曲的长竹管饮酒，也是应用了虹吸的物理现象。

宋代曾公亮在《武经总要》中也有用竹筒制作虹吸管把被峻山阻隔的泉水引下山的记载。在生产和生活的实践中，我国古代还应用了卿筒。宋代苏轼的《东坡志林》中，曾经记载四川盐井中用卿筒来把盐水吸到地面。正是由于广泛使用了虹吸管和卿筒一类器具，有关它们吸水的道理也就引起了古代人的探讨。比如南北朝时期成书的《关尹子·九药篇》中说：有两个小孔的瓶子能倒出水，闭住一个小孔就倒不出水。

这个现象完全是真实的。因为两个小孔一个出水，一个可以同时进空气，如果闭住一个小孔，另一个小孔外面的空气压力就会比瓶里水的压力大，水就出不来了。

唐代医学家王冰曾经用增加一个小口的空瓶灌不进水的事例，说明是因为瓶里气体出不来的缘故，这也是符合实际的。

宋末元初道教学者俞琰在《席上腐谈》卷上中又补充了前人的发现。他说在空瓶里烧纸，立即盖在人腹上，就能吸住。

这就是现在大家熟知的拔火罐，由于纸火把瓶里的一部分空气赶出瓶外，火熄灭后瓶里就形成负压，也就是说造成一定的真空，瓶外的空气压力就把瓶紧紧地压在人腹上。如果把这种造成一定真空的瓶放进水里，水就立即涌入瓶里。

明代学者庄元臣在《叔苴子·内篇》又补充了一个例子，他说把空葫芦口朝下压入水中，就会发现水并没有进入葫芦里，这是因为葫芦里有空气的缘故。

延 伸 阅 读

唐代，曾用8头铁牛当缆柱加固蒲津大桥。但因河水暴涨，桥被毁坏，铁牛被冲入河中。精于浮力原理的僧人怀丙，在水浅时节，把两艘大船装满土石，两船间架横梁巨木并系铁链铁钩捆束铁牛。待水涨时节，把舟中土石卸入河中，轻而易举地就将铁牛拉出了水面。

认识力的运动与静止

参考坐标的选取适当与否，对解决运动学和动力学中的问题是很重要的。在物体的动、静状态中，内力或外力起着决定性作用。选取不同的坐标就有不同的运动结论。我国古代关心的运动学问题的核心，其实就是如何选取坐标。古人的动静观是在实践中完善、确立和发展起来的，标志着古人认识水平的逐步提高。

有一个楚国人乘船过江，他身上的佩剑不小心掉落江中。他立即在船舱板上做记号，对他的船友说："这是我的剑掉落的地方。"

到了河岸，船停了，这个楚国人从他刻记号的地方跳到水里去寻找剑。船已经行驶了，但是剑没有移动，像这样寻找剑，不是很糊涂吗！

这个故事出自先秦时期杂家吕不韦的《吕氏春秋·慎大览·察

今篇》。刻舟求剑反映出来的是一种以静止、孤立、片面的方式看待问题，同时反映了古人对物理概念运动和静止的认知。

从物理意义上讲，从静止到运动、由运动到静止，或者速度大小或者方向变化，都叫"状态改变"。其改变的原因，就是因为物体受到了力的作用。换言之，力决定了物体的动、静状态。

故事中楚国人没有看到舟、水与剑的辩证关系，没有看到事物是运动发展的，只是简单性地看到舟与剑的位置是相对固定的。没看到水流的变化使船一直在前进，故舟与剑的关系也一直处于变化当中，所以这是一种错误的看待事物的方式。

从故事编纂者吕不韦的口气看，他是知道怎样找到掉落江中的剑的。用他的方法找到这把剑，从物理角度看有以下几种：

一是，记下掉落位置离岸上某标志的方向和距离。这就是说，以河岸作为参考坐标。

二是，在船不改变方向和速度的情况下，记下剑掉落时刻、船速和航行时间，据此求出靠岸的船和剑掉落地点的距离。这就是说，以船作为参考坐标。

在物理学上，决定空间位置或物体运动与否必须有一个参考系。没有这个参考系，不清楚参考坐标的人，就像"刻舟求剑"

一样糊涂。正如《淮南子·齐俗训》所说：东家谓之西家，西家谓之东家，连古圣皋陶都不能断定是非。

事实上，类似于船、河岸和水三者之间谁在运动，以及天和地、月和云谁在运动等问题，是古代人最关心的运动学问题。这里既涉及参考坐标的重要性，也和相对运动问题有关。

对于运动与静止的问题，曾经几乎同时困扰了古代东西方的哲人。古希腊亚里士多德曾经提出，停泊在河中的船实际上处于运动之中，因为不断有新水流和这船接触。"不能同时踏进同一条河"的命题就是由此而来的。而我国古人以自己的思考方式回答了运动与静止的问题。

针对"刻舟求剑"，晋代天文学家束皙认为，运动着的船实际上是不运动的，如果过江时一直保持船和河岸垂直指向对岸，船和河床的相对位置就不改变。把参考坐标取在过江线或河床上，这时就得出"水去而船不徙"的结论。

束皙的另一种看法是，让船和水同速漂流，把参考坐标取在整个水流上，船对于水也不发生位

置移动。

由于参考坐标的关系，原来不动的物体都成为运动的了。这并不奇怪，也不是令人惊奇的，这些极其典型的相对运动的事例，很早就为我国文人所注意，并成为他们笔下的力作佳句。

束晳曾说："仰游云以观月，月常动而云不移。"晋代葛洪说："见游云西行，而谓月之东驰。"南朝梁元帝萧绎的诗《早发龙巢》提到在行船舱板上人们的感觉说："不疑行舫动，唯看远树来。"敦煌曲子词中有句："看山恰似走来迎。"

然而，古代人在判断"天"和"地"的相对运动时，并不像上述事例那么简单明了。在古代人看来，"天左旋，地右动。"也就是说，以天上星体的东升西落来证明地的右旋运动。

汉代王充在《论衡·说日篇》中提出了另一种看法：日月实际上是附着在天上做右旋运动的，只是因为天的左旋运动比起日月星体的右旋运动来要快，这才把日月星体当成左旋。

这种情形就像蚂蚁行走在转动着的磨上，人们见不到蚂蚁右行，而只看见磨左转，因此以为蚂蚁也是左行的。这就是著名的

"蚁旋磨"理论。

西汉时期学者扬雄《法言义疏》记载："譬之于蚁行磨石之上，磨左旋而蚁右去，磨疾而蚁迟，故不得不随磨以左回焉。"

《晋书·天文志》中曾经用相对运动的思想解释天象："天旁转如推磨而左行，日月右行，随天左转，故日月实东行，而天牵之以西没。譬之于蚁行磨石之上，磨左旋而蚁右去，磨疾而蚁迟，故不得不随磨以左回焉。"

我们暂且不管《晋书·天文志》中"天"指的是什么，是否在运动，仅从物理学看，"蚁旋磨"理论思想是高明的，表明古人不仅看到了相对运动，而且还试图以相对速度的概念来确定运动的"真实"情况。

在历史上，许多人参加了这场左右旋的争论。至宋代，由于理学大师朱熹的名气，他所坚持的"左旋说"又占了上风。这场争论，长达2000多年。直至明代，伟大的律学家朱载堉作出物理判决之后，还争论未了。

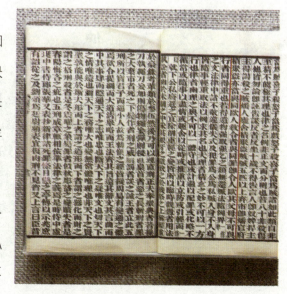

朱载堉说："天和地、人和舟、蚁和磨、快慢二船、良驽二马，如果没有第三者作为参考坐标，就很难辨明它们各自的运动状态。"

从物理学看，两个彼此做相对运动的物体A和B，既可以看做A动B不动，也可以看做B动A不动，这两种看法都没有问题。若要争论它们的运动方向或谁动谁静，那真是千载不决之疑。

朱载堉的回答完全符合运动相对性的物理意义。然而，朱载堉不明白，即使飞到日月旁，也不能"辨其左右"，而只能回答"似则皆似矣"。

以相对运动的观点来解释天地的运动，在古代的东西方都是一致的。但像朱载堉那样对相对运动作出物理判决的人，在西方只有比朱载堉稍后的意大利人伽利略算是最早的。

要解决地静还是地动的问题，关键是要提出令人信服的证据证明地动的不可觉察性。这样，才能牢固地确立地动的观念。我国古人从经验事实中总结出这一伟大的发现。

总之，我国古代提出了最古老的相对运动说法，这是我国科学史上最伟大的理论成就之一。

延 伸 阅 读

物理学中运动与静止的原理，也可以被引申到日常生活中。清代有一位探险家，为了在南方丛林中找到遗迹，雇用一群土著做向导。但每走上3天，土著便要休息一天，为的是能让灵魂追得上身体。探险家闻之深受启发：让灵魂跟上身体，一动一静，劳逸结合。

重心和平衡技术成果

　　从物理学观点看，通过物体的重心和桌面垂直的线要维持在这一物体的支持面里。否则，这一物体就很容易倒下。

　　要使物体保持平稳，就要考虑它的重心和平衡的问题。我国古代在重心和平衡方面的研究取得了丰硕成果，创造了很多艺术杰作，在历史上占有重要地位，而且影响深远。

　　据说，有一次孔子去周室的宗庙参观，见庙中有个器物。孔子问道："这是什么呢？"

　　守庙的人回答说："这是欹器。"

　　孔子说："我听说这种东西灌满了水就翻过去，没有水就倾斜，灌一

孔子新像

半的水正好能垂直正立，是这样的吗？"

守庙的人回答说："是的。"

孔子让自己的学生子路取来水试了试，果然这样。于是长叹一声说："唉，哪有满了而不翻倒的呢？"

这是孔子借欹器的特点，警示他的学生子路：做人要懂得"满招损，谦受益"。

当然，这个故事也体现了孔子的实践精神，不能一味听信传言，要亲自动手验证。

欹器有一种奇妙的本领：未装水时略向前倾，待灌入少量水后，罐身就竖起来一些，而一旦灌满水时，罐子就会一下子倾覆过来，把水倒净，尔后又自动复原等待再次灌水。

我国古代劳动人民在生产实践中，就是利用物理学上的重心与平衡原理，才创造出了这种具有神奇特性的欹器。"欹"的意思是倾斜。它可以随盛水的多少而发生倾斜变化。

周庙的欹器，由于具有《荀子·宥坐》中所说的"虚则欹，中则正，满则覆"的特性，所以，鲁国之君把这奇异的容器放在宗庙中作为"座右铭"，目的在于提醒自己，万事都要采取中庸之道，适可而止，切不可过分，慎防"满则覆"。

我国古代制造器物时，在重心与平衡方面是把握相当准确的，有许多类似器物再现于世。比如彩陶，它是我国悠久的"国粹"，是陶瓷艺术之中的艺术，早在距今6000年左右的半坡文化时期，彩陶上便出现了最早的彩绘。

从彩陶的构思和表现效果来看，已经初步掌握了整齐一律、对称平衡、符合规律、和谐统一等形式美的因素，且都得到较为完善的表现。

商代的酒器斝通常由青铜铸造，由商汤王打败夏桀之后，定为御用的酒杯，诸侯则用角。

考古工作者在河南省安阳郭家庄发掘的商后期青铜方斝，高43.4厘米，方形口，外侈，口上有一对方塔形立柱。深腹，腹的四面饰饕餮纹。此外，陆续发现的商斝还有兽面纹斝、凤鸟柱铜斝和饕餮纹斝。

商斝都有三足，重心总是落在三足点形成的等边三角形里，形象地体现了重心与平衡的物理特性。

西汉时期中山靖王刘胜墓出土的朱雀铜灯，朱雀在汉代是祥瑞的象征，以其形造灯，寓吉祥。

朱雀铜灯的灯形为一朱雀形，双足挺立，伸颈翘尾，口衔圆环凹槽形灯盘，盘中立有烛钎，灯座为一蟠螭，昂首上视。造型奇特，制作精致，体现

了工匠关于重心的巧妙构思。

东汉时期的"马踏飞燕"，是1969年在甘肃省武威雷台东汉墓中出土的。它制作于公元220年前后，高34.5厘米，长45厘米。是古代青铜作品中的杰作。

这件2000多年前制作的铜奔马造型生动，铸造精美，比例准确，四肢动势符合马的动作习性。奔马正昂首嘶鸣，举足腾跃，一只蹄踏在一只飞翔的燕子身上。从力学上分析，"马踏飞燕"以飞燕为重心落点，造成稳定性。

东汉时期匠师运用现实主义与浪漫主义相结合的艺术手法，以丰富的想象力，精巧的构思，娴熟的匠艺，把奔马和飞鸟绝妙地结合在一起，以飞鸟的迅疾衬托奔马的神速，造型生

动，构思巧妙。将奔马的奔腾不羁之势与平实稳定的力学结构凝为一体，它所具有的蓬勃的生命力和一往无前的气势，更是中华民族的象征。

上述这些作品充分说明，我国在汉代以前就已经掌握了有相的力学知识。这些知识不仅体现在艺术作品上，还体现在研究者的著作中。西汉初年成书的《淮南子·说山训》曾就本末倒置而造成不平衡的现象总结说："下轻上重，其覆必易。"

东汉王充对平衡问题作了极好的论述："圆物投之于地，东西南北无之不可，策杖叩动，才微辄停。方物集地，一投而止，及其移徙，须人动举。"

"策杖"是赶马用的木棍。圆球投落地面，东西南北随意滚动，只有用棍子制止它，它才会静止一会儿。方形物体投落地面，立即就静止在那儿。如果要它移动，就需要施加外力。

总之，汉代以前的这些现象，都是力学中随遇平衡和稳定平衡的典型例子。

隋唐时期，或许由于饮酒之风盛行，人们制作了一种劝人喝酒的玩具，经匠心雕刻的木头人，称作"酒胡子"。把它置于瓷盘中，则摇摆不定、"府仰旋转"、"缓急由人"。

另一种是用纸制作的，糊纸做醉汉状，"虚其中而实其底，虽按捺而旋转不倒也。"现在把这些玩具叫"不倒翁"。

还有一种劝酒器，虽叫不倒翁，但转动摇摆后最终会倒下。宋代文人张邦基说："木刻为人，而锐其下，置之盘中，左右敧侧，僛僛然如舞之状，久之力尽乃倒。"这种玩具指向某人或倒向某人，某人应该饮酒。

从这些历史文献记载中可以看出，前一种不倒翁的重心略低于木头人下半圆的中心，后一种略高于下半圆的中心，由于它们重心位置不同，造成它们左右摇摆后的不同结果。

古代的人们把这些玩具制成半圆形下身，并且"虚其中而实其底"，正说明他们有意识地利用重心位置和平衡的关系。

从力学角度来说，上轻下重的物体比较稳定，也就是说重心越低越稳定。当不倒翁在竖立状态处于平衡时，重心和接触点的距离最小，即重心最低。偏离平衡位置后，重心总是升高的。

因此，这种状态的平衡是稳定平衡的。所以不倒翁无论如何摇摆，总是不倒的。

延 伸 阅 读

把身体技巧作为杂技艺术的核心，关键是做好平衡动作，实际也是物理学上平衡力在身体技巧方面的应用。历史悠久的中华杂技，其身体平衡技巧令世人惊叹。战国时期，我国就有踩着3米多高的高跷，抛掷着7把短剑的高超技艺。

对杠杆原理的运用

  物理学中把在力的作用下可以围绕固定点转动的坚硬物体叫做杠杆。它是简单机械的一种。我国先民很早就掌握了杠杆原理，并把它运用到生活、生产实践中。

  古代先民认识到，要使杠杆达到平衡，动力和阻力就要均衡或都处于静止状态，并且知道延长力臂可以增大力量。

  孔子的弟子子贡南游楚国，从晋国返回，经过汉阴，看到一位老人正在为菜圃灌溉。他挖了一条深深的甬道通到井水边，抱着一个大瓦罐来回取水，费神费力，却是事倍功半。

  子贡对老人说："我知道有一种机械，一天可以灌溉百亩田地，用力极少而功效显著，难道您不想试试这种奇妙的东西么？"

  老人从甬道中抬起头来看看子贡，问道："这种机械是怎么样的呢？"

子贡答道："用凿子钻通木杠，做成机枢，后端较重而前端较轻，用这种工具取水就如同用管子抽取井水一般便利，安逸省力，好像从锅里舀出开水。这个好东西的名字叫做'槔'！"

老人听完子贡的话，既怒且笑，说："我的师傅告诉我，使用机械必然要使用机关枢纽，研究机关枢纽必然要具备机心。一个人的胸中存了机心，心地便不再纯朴，心地不够纯朴则心神不能安定。而心神不定的状态，不是自然之道所追求的状态。像你说的那种机械，我不是不懂，只是羞于使用而已。"

子贡听了老人的话，垂头不言。

杠杆是最简单的机械，杠杆的使用或许可以追溯至原始人时期。当原始人拾起一根棍棒和野兽搏斗，或用它撬动一块巨石时，他们实际上就是在使用杠杆原理。

石器时代人们所用的石刃、石斧，都用天然绳索把它们和木柄捆束在一起；或者在石器上凿孔，装上木柄。这表明他们在实

践中懂得了杠杆的经验法则：延长力臂可以增大力量。

杠杆在我国的典型发展是秤的发明和它的广泛应用。在一根杠杆上安装吊绳作为支点，一端挂上重物，另一端挂上砝码或秤锤，就可以称量物体的重量。

南朝宋时的画家张僧繇所绘的《二十八宿神像图》中，就有一人手执一根有多个支点的秤。

可变换支点的秤是我国古代劳动人民在杆秤上的重大发明，表明了我国古人在实际上已经完全掌握了杆秤的原理。

《汉书·律历志》记载：权与物钧而生衡。权又名秤锤，它如果与所需衡量的物品重量相同，等臂秤就会平而不斜。

《史记·仲夷弟子列传》记载："千钧之重，加铢两而移。""移"字表示在秤杆上终移动权的位置。从这些文字记载看来，最迟在春秋时期已有各种类型的衡器。

迄今为止，考古发掘的最早的秤是在湖南省长沙附近左家公山上战国时期楚墓中的天平。它是公元前4世纪至公元前3世纪的制品，是个等臂秤。不等臂秤可能早在春秋时期就已经使用了。

唐宋时期，民间出现一种铢秤，它有两个支点即两根提绳，可以不需置换秤杆，就可称量不同重量的物体。

我国古人还发明了有两个支点的秤，俗称"铢秤"。使用这种秤，变动支点而不需要换秤杆就可以称量比较重的物体。这是我国人在衡器上的重大发明之一，也表明我国先民在实践中完全掌握了杠杆原理。

《墨经》一书最早记述了秤的杠杆原理。《墨经》把秤的支点到重物一端的距离称作"本"，今天通常称"重臂"；把支点到杆一端的距离称作"标"，今天称"力臂"。

《墨经·经下》记载：称重物时秤杆之所以会平衡，原因是"本"短"标"长。

它指出，第一，当重物和权相等而衡器平衡时，如果加重物在衡器的一端，重物端必定下垂；第二，如果因为加上重物而衡器平衡，那是本短标长的缘故；第三，如果在本短标长的衡器两端加上重量相等的物体，那么标端必下垂。

墨家在这里把杠杆平衡的各种情形都讨论了。他们既考虑了"本"和"标"相等的平衡，也考虑了"本"和"标"不相等的平衡；既注意到杠杆两端的力，也注意到力和作用点之间的距离

大小。

虽然他们没有给我们留下定量的数字关系，但这些文字记述肯定是墨家亲身实验的结果，它比阿基米德发现杠杆原理要早约200年。

桔槔也是杠杆的一种。它是古代的取水工具。作为取水工具，一般用它改变力的方向。为其他目的使用时，也可以改变力的大小，只要把桔槔的长臂端当做人施加力的一端就行。

桔槔是在一根竖立的架子上加上一根细长的杠杆，当中是支点，末端悬挂一个重物，前端悬挂水桶。一起一落，取水可以省力。当人把水桶放入水中打满水以后，由于杠杆末端的重力作用，便能轻易把水提拉至所需处。

桔槔早在春秋时期就已相当普遍。春秋战国时使用桔槔的地区主要是经济比较发达的鲁、卫、郑等国。

桔槔的结构，相当于一个普通的杠杆。在其横长杆的中间由竖木支撑或悬吊起来，横杆的一端用一根直杆与汲器相连，另一端绑上或悬上一块重石头。

当不汲水时，石头位置较低；当要汲水时，人则用力将直杆与汲器往下压。

与此同时，另一端石头的位置则上升。当汲器汲满后，就让另一端石头下降，石头原来所储存的位能因而转化，通过杠杆作用，就可能将汲器提升。这样，汲水过程的主要用力方向是向下。

这种提水工具，由于向下用力可以借助人的体重，因而给人以轻松的感觉，也就大大减少了人们提水的疲劳程度。

桔槔延续了几千年，是我国古代社会的一种主要灌溉机械。这种简单的汲水工具虽简单，但它使劳动人民的劳动强度得以减轻。

延 伸 阅 读

战国时，郑国大夫邓析有一次经过卫国，见有5个男子背着瓦罐从井里汲水浇灌韭菜园子，非常辛苦，便教他们说："你们可以做一种机械，后端重，前端轻，名叫'桔槔'。使用它来浇地，一天可浇百畦而不觉累。"

获得热源的妙法

　　热源是发出热量的物体。人类在一两百万年之前就开始利用热源，其中取火就是主要的途径。

　　古代在实践当中总结了许多行之有效的取火方法，如钻木取火，利用凹透镜获取太阳光热源等。这些方式和方法，提高了生活的质量，推动了社会的发展。

　　综合历来资料的取火方法，可分为以摩擦等手段发热取火，用凹球面镜对日聚集取火，用化学药物引燃。这三种开发和利用热源的手段，伴随了人类生产和生活数千年。

　　通过摩擦、打击等手段发热取火始于旧石器中晚期，当时已经知道用打

击石头的方法产生火花，后来又发明了摩擦、锯木、压击等办法。

古书上所谓"燧人氏钻木取火"，"伏羲禅于伯牛，错木作火"，"木与木相摩则燃"等，都不是子虚乌有，只是借华夏名人来体现古代先民获取热源的智慧。

铁器使用之后，人们也用铁质火镰敲打坚硬的燧石而发生火星，点燃易燃物。这些方法都是利用机械能转换成为热能，当然也是十分费力而且很不方便的。

关于利用凹球面镜对日聚集取火，凹球面镜在古代被称为"燧"，有金燧、木燧之分。金燧取火于日，木燧取火于木。

夫燧，是古人在日下取火的用具。它是用金属制成的尖底杯，放在日光下，使光线聚在杯底尖处。杯底先放置艾、绒之类，一遇光即能燃火。因此，夫燧即金燧。

另外，《考工记》记载了用金锡为镜，其凹面向日取火的方法。可见，我国在4000年前已有使用光学原理取火的技术了。

汉代，仍用金燧取火。当时也叫"阳燧"。即用铜镜向日取火，也用艾引火燃烧。至宋代，仍然流行金燧取火之法。实际上这就是今天的凸面玻璃镜。

如果我们拿着凸面玻璃镜，向着太阳，镜也会聚如豆，再用易燃物放在底下，顷刻间即可得火。古代没有玻璃，故用金镜。现代的太阳灶就是从这一道理发展而来的。

过去古人出门，身边都带着燧。因为那时的燧为尖顶杯，体积很小，都佩带腰间以备用。但以阳燧取火，有个不足之处，就是天阴或夜晚就不能取到火。

比如古时人们在行军或打猎时，总是随身带有取火器，《礼记》中就有"左佩金燧"、"右佩木燧"的记载，表明晴天时用金燧取火，阴天时用木燧钻木取火。阳燧取火是人类利用光学仪器会聚太阳能的一个先驱。

除了古籍记载，考古文物也有这方面的证明。考古工作者曾经在河南省陕县上村岭虢国墓出土一面直径7.5厘米的凹面镜，

背面有一个高鼻钮，可以穿绳佩挂。

值得注意的是，和这面凹面镜一起出土的还有一个扁圆形的小铜罐，口沿与器盖两侧有穿孔，用以系绳。这大概是供装盛艾绒和凹面镜配对使用的。这可以说是人类早期利用太阳热能的专用仪器，距今已有2500多年的历史了。

凹面镜取火的具体使用方法，东汉时期经学家许慎的一段话说得比较详细：

必须在太阳升到相当高度，照度足够时才行；引燃物是干燥的艾草；所用的凹面镜的焦距只有"寸余"，聚光能力应当很好；艾草温度升高到一定程度，起先只是发焦，要用人为方法供给足够氧气助燃，才使艾草燃烧起火。自战国以来，还曾有过

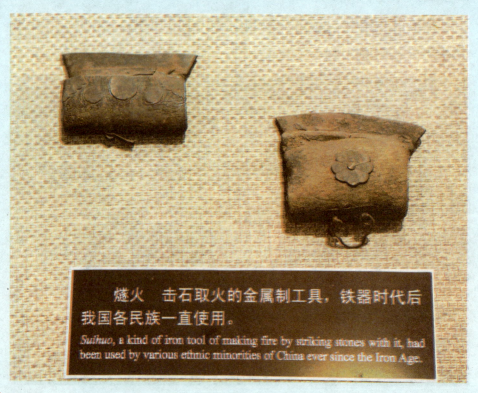

燧火　击石取火的金属制工具，铁器时代后我国各民族一直使用。

Suihuo, a kind of iron tool of making fire by striking stones with it, had been used by various ethnic minorities of China ever since the Iron Age.

"以珠取火"之说，可能是利用圆形的透明体对日聚集取火，它的效能等于凸透镜聚焦。不过使用一直不太普遍。

我国利用化学药物引燃较早，南北朝时期，北周就发明了"发烛"。它是以蜕皮麻秸做成小片状，长五六寸，涂硫黄于首，遇火即燃，用以发火。在南方，发烛则用松木或杉木制成。

据元代学者陶宗仪的《辍耕录》上说，这种"发烛"实际上是在松木小片的顶部涂上一分左右长熔融状的硫黄。就是利用燃点很低的硫黄，一遇红火即可燃成明火。

从南北朝时期发明"发烛"开始，就有作坊开始专门制造作为商品供应，后来各地所用的材料略有不同，也有"发烛"、

"粹儿"、"引光奴"、"火寸"及"取灯"等不同的名称。

　　这种东西沿用时间很长，直至19世纪欧洲发明的依靠摩擦直接发火的火柴传入我国，才逐步取代了传统的引火柴。

延　伸　阅　读

　　周代，钻木取火之法已经大行。古代所钻之木，一年之中，根据不同季节，还要随时改变。因为古人认为：只有根据木的颜色，与四时相配，才能得火，反之则不能得火。也就是说，每逢换季之时，就要改新火。至南北朝时期，当时仍行钻木取火，唐代钻木取火之法，更加广泛流行。

对温度与湿度的测量

　　温度与湿度是热学中两个很重要的概念。温度与湿度的变化使物体形状发生变化，但不同物质的变形程度又是不同的。所以古人在此中也得到了不少有关的知识。

　　我国古代不仅对温度和湿度有了一定的观察和记载，而且制造了一些测温、测湿仪器，表现了古代劳动人民对温、湿度计量的热忱。

　　冷热的概念自古已有，古人以寒、冷、凉、温、热、烫等术语所表示的温差范围，会随人而异，有极大的主观性。即使如此，古人还是找到了一些较为客观地判别冷热程度的办法。

　　在温度计出现以前，人们只能凭自己的感官去

感觉。例如，用手触摸物体来判别物体是冷是热，冷热的程度如何等。这种以体温为基础的触摸感觉法，只能判断一定范围内的温差，而不是特定的温度概念。

还有通过观察水的结冰与否来推知气温下降的程度。如《吕氏春秋·慎大览·察今》就记载："见瓶中之冰而知天下之寒。"这种做法被后世人们所认可。

汉代的《淮南子·兵略训》就有几乎同样的记载："见瓶中之水，而知天下之寒暑"。这是因为，通过观察瓶中水结冰或冰融化，确实可以大致知道气温的寒暖变化。

古代人们想了不少隔热保温的方法，把冬天的自然冰保存至次年夏天。从周代开始就有"夏造冰"的说法，但当时是怎样的造法，还有待研究。

至于对温度的观察、测定更有多种方法，在节令、体温，以及冶炼和制陶等工作中，各自摸索出一套观测温度的方法。

古人对自然规律缺乏了解，认为反常节令是上天对帝王卿相失德的"告诫"。所以，要把节令记录下来，写到官修的史籍中去以占验吉凶。同时，对一些特定日期例如冬至时的气候状况，古人也比较注意记录。

至迟从11世纪起，官方就已经习惯记录冬至后9个九天当中每日的天气，这叫做"数九寒天"。在明清时期，人们常会把这些日子的天气每天都记录下来。

有关这方面的记录在清代汇编的《古今图书集成》中，有4卷之多。现在，我们从这些记载中可以看到中国古代气候的温度变化情况。

体温又是古代最恒定的"温度计"。因为正常人的体温基本相同。古代人就充分地认识了这种特殊的"温度计"，并在制奶酪、豆豉、养蚕、茶叶的加工工艺中应用。

北魏农学家贾思勰曾指出，牧民做奶酪，使奶酪的温度"小

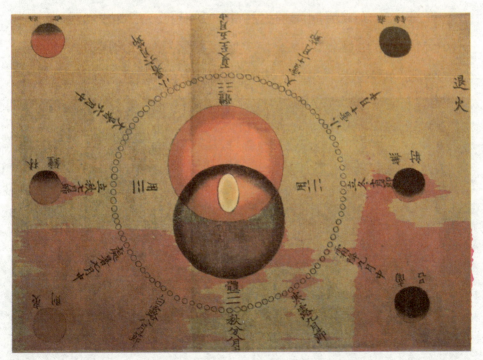

暖于人体，为合时宜"；他又指出，做豆豉，"大率常令温如腋下为佳"，"以手刺堆中候，看如腋下暖"。

宋代农学家陈旉在论及洗蚕种的水温时说："调温水浴之，水不可冷，亦不可热，但如人体斯可矣。"

宋代茶学专家蔡襄曾说过，茶叶"收藏之家，以蒻叶封裹，入焙中两三日，一次用火常如人体温，温则御湿润，若火多则茶焦不可食"。

元代农学家王祯在论及养蚕的最佳室温时指出，养蚕人"需著单衣，以为体测：自觉身寒，则蚕必寒，使添熟火；自觉身热，蚕亦必热，约量去火"。

古人还通过观察发热物体的火焰颜色，掌握了高温目测技术。"火候"一词最初的本意是，观察发热物体的火焰颜色。

在金属冶炼或烧制陶瓷过程中，历代工匠都以火焰颜色来判别炉体内温度的高低。因此，火候实际上是古人创造的一种经验性的高温目测技术。虽然，它具有很大的经验性，也不能标出温

高的具体数值，但它有充分的科学性。

战国时著作《考工记》，最早记述了冶铸青铜的火焰颜色：

在熔炉中加入铜矿和锡矿而进行熔化的过程中，首先熔化挥发的是那些不纯杂物，它们的燃烧呈现黑焰色；然后，熔点较低的锡或杂物硫熔化并挥发，呈现黄白焰色；随炉温升高，铜熔化并挥发，铜与锡成为青铜合金，呈现青白颜色，进而炉火纯青，便可开炉铸造。历代冶铸、陶瓷等工匠常用火候观察法，炼丹家和药物学家对此也有所发展。

古人为我们留下了许多物质的火焰颜色的记载，这些记载表明通过观察火焰颜色来判断温度的高低以及炉内气氛，确实是古人常用的判别温度高低的方法。这与近代物理学中用光谱学原理，对不同物质的不同特征火焰及其所对应的温度，来鉴别物质的方法是一致的。

在西汉时期，有人曾试图制作一个测温装置。《淮南子·说山训》记载：在瓶中盛了水，当它结冰，可以说明气温低，如其融解为水，又可以说明气温之升高。这个观测或许可以认为是一种关于测温器的设想的萌芽。

真正称得上温度计的发明，是17世纪的事。1673年，北京的观象台根据传教士南怀仁的介绍，首次制成了空气温度计。但我国民间自制测温器的也不乏其人。

据清代初期文学家张潮编辑的短篇小说集《虞初新志》记载，清代初期的黄履庄曾发明一种"验冷热器"，即温度计。

据记载，"此器能诊试虚实，分别气候，证诸药之性情，其用甚广，另有专书。"只是验冷热器的"专书"和实物都已失传，我们难以判断其具体原理和结构，估计是气体温度计之类的装置。但它的结构与原理没有被记录下来，也可能是毛发式或天平式湿度计，但也有可能是气压计，因为空气的湿度与气压的关系是十分密切的。

清代光学家黄履也曾自制过"寒暑表"，据说颇具特色，但原始记载过于简略，难知其详。由于原始记载过于简略，我们对于这些民间发明的具体情况，还无从加以解说。但可以肯定的是，他们的活动，表现了我国人对温度计量的热忱。

湿度是一个似乎很难捉摸的概念，它的变化与天气晴雨的关系十分密切，古人对此也有所认识。

古代测定燥湿的方法有多种，王充在《论衡》中记述了另一种判断燥湿的方法："天且雨，蝼蚁徙，蚯蚓出，琴弦缓。"其中"琴弦缓"属于人们可以测量的物理现象，据此可以预报晴雨天气。

王充还对寒温的传播，从"气"的角度探讨热的传导的问题。他明确指出，热是靠气来

传导的，距离越远，热在传导中损失就越大，因而渐微。

西汉时期曾经有一种天平式的验湿器。《淮南子·天文训》记载："燥故炭轻，湿故炭重。"可见当时已经知道某些物质的重量能随大气干湿的变化而变化。又记载："悬羽与炭而知燥湿之气。"说的就是天平式验湿器。

天平式湿度计的构造很简单：只要用一根均匀的木杆，在中点悬挂起来，好像一架天平秤。

两边分别挂上吸湿能力不同的东西，例如一端石子，另一端为咸海带；或者一端用淡水浸过又经晒干的棉花球，另一端为盐水浸过又经晒干的棉花球等。再使两端等重，天平平衡。

当大气里湿度大了，吸湿能力强的一端因吸入较多的水分而变重了，天平就倾斜，这就预示着可能要下雨了。这种湿度计具有简便易做的优点，而且比较灵敏，是人类最早的湿度计。

对于这种验湿器的结构与原理，《前汉书·李寻传》中说得尤其具体：把两个重量相等而吸湿能力不同的物体如羽毛与炭，或土与炭，或铁与炭分别挂在天平两端，并使天平平衡。当大气湿度变化，两个物体吸入或蒸发掉的水分多少互不相同，因而重量不等，天平失去平衡发生偏转。

这种验湿器简单易制，灵敏度也还好，使用时间很长，甚至在20世纪的农村气象哨站也还沿用，可见它具有很强的生命力。在欧洲也有过这种验湿器，那是15世纪才发明的，比我国迟了1600多年。

大气湿度变化引起琴弦长度的变化是很微小，且难于察觉的，但反映在该琴弦所发的音调高低的变化却是十分明显的。这里已经孕育着悬弦式湿度计的基本原理了。

黄履庄在1683年制成了第一架利用弦线吸湿伸缩原理的"验燥湿器"，即湿度计。它的特点是："内有一针，能左右旋，燥则左旋，湿则右旋，毫发不爽，并可预证阴晴。"黄履庄发明的"验燥湿器"有一定的灵敏度，可以"预证阴晴"，具有实用价值。"验燥湿器"可以说是现代湿度计的先驱。

延 伸 阅 读

我国古代民间还用某些经验来测知湿度的变化。比如明代农谚说："檐头插柳青，农人休望晴；檐头插柳焦，农人好做娇。"

"做娇"指酿酒，檐头的柳枝如保持常青，说明大气湿度大，天气不能放晴；柳枝如易枯焦，说明大气干燥，天气易晴，气温升高，利于发酵酿酒。

对物质三态变化的研究

　　物质有固态、液态、气态三种状态，温度的变化能使三态之间相互变换。在这方面，我国古代获得了丰富的知识。

　　古代炼丹家通过自己的实践，在物质三态方面积累了很多知识。另外，人们对在日常生活中水、冰、水气，以及自然界中雨雪露霜等现象也作出某种解释。

　　据记载，炼丹有"火法"和"水法"。"火法"包括："煅"，即长时间的高温加热；"炼"，即干燥物质的加热；"炙"，即局部烘烤；"熔"，即加热熔解；"抽"，即蒸馏；"飞"，即升华；"伏"即加热使药物变性。

　　"水法"包括："化"，即溶解；"淋"，即用水溶解固体物质的一部分；"封"即封闭反应物质长时间地静置；

"煮",即物质在大量的水中加热;"熬",即有水的长时间高温加热;"养",即长时间的低温加热;"浇",即倾出溶液,让它冷却;"渍",即用冷水从容器外部降温。此外还有"酿"、"点"以及过滤、再结晶等方法。

在这么多过程中,物质状态有各种各样的变化,必然要积累大量的知识。在日常生活中,最常见的物态变化,是水、冰、水气三者之间的变化。

对于气、水之间的变换,远在先秦的《庄子》、《礼记》等书已有"积水上腾"、"下水上腾"等说法。

"上腾"指的是水的蒸发,即气化。对于水气凝结成水的过程也是十分注意的。自从春秋战国以来,和"阳燧取火于日",相配对的有所谓"方诸取水于月"。

"方诸"有不同的说法,有说是"大蛤",有说是铜盘,有说是方解石,总之是一个对水不浸润的物体,夜晚把它放在露天,结上露水。

为什么说要"方诸取水于月",大概是因为既是有月,必是无云，地表没有隔热层，热量易于发散，气温容易下降，到了露点之下，可以得到露水。

这样取得的露水，叫做"明水"，据说有神奇的功效，汉武帝很喜欢饮用这种水，并名之为"甘露"。

这个"方诸取水"在古代是十分郑重的事，所以人们要进行研究，从中得到不少关于凝结方面的知识。

晋代张华的《博物志》记载了一个有关气化的实验：油水混合物在受热过程中，由于沸点不同，水先沸腾，犹如冒烟，当水气化完毕，则无烟。加热停止，油不再沸腾，此时如加水，由于油温尚高，水即急极气化，又见焰起；气化完毕，也就"散卒而灭"了。

张华对这个过程观察得很仔细，记载得也很具体，并说曾"试之有验"，肯花工夫动手实验，难能可贵。当然，记录中错误地把上升的水汽、烟、焰三者混淆，又说油温下降时"可内手搅之"，也未免有些夸张。

至于冰、水之间的融解、凝固，更是人们常见的。《考工记》就

指出：水有时以凝，有时以泽，这是自然现象。这一观点把温度高低与状态变化联系起来。

从上述这些记载中我们能够发现，古人无疑获得了许多物态变化的知识。而有了这方面的知识，就无怪乎能对雨雪露霜等现象作出某种解释。

雨雪的形成，是很有代表性的物态变化过程：

地面上的水，蒸发而为水气，升到高空积而为云，当温度下降而又有了凝聚核心的时候，就会凝结为水滴；达到一定重量时，下降而为雨；如温度低至零度以下，再加其他气象条件，则凝为固态的雪或霰、雹等。

我国古代劳动人民对这个过程有过某些探索。例如，汉代董仲舒解释雨、霰、雪的成因时说：阴气之水受阳气之日光的照射，蒸发上升，处于"若有若无、若实若虚"之状。接着指出，雨、雪、霰就是水汽遇冷在不同条件下凝结而成。

这些解释虽然也有

错误的地方，但总的说来，是根据温度的升降而引起物态变化的道理，大方向是正确的。在这一段叙述中，把蒸发、液化、凝固三种过程都说上了，确实是很有意义的。

后来，唐代的丘光庭和宋代的朱熹，都用煮饭作比喻，说明雨的成因。朱熹所说的大意是：雨的形成，就好像煮饭时，水凝结在盖子上，落下来便是水滴，相当于雨。

这个说明不但很具体生动，而且也很大胆，居然敢把某些人视为上帝旨意的现象，比作为煮饭。这也说明朱熹确实对于气化、液化这些过程有较深刻的了解。

露与霜的成因，又有不同。地面上的空气中含有水汽，当水汽的含量达到饱和时就会凝结出水滴来，这就是露；如果地表气温低至零摄氏度或零度以下，则水汽直接凝结为固体，即为霜。所以露与霜，都是在地面空气中直接形成的，并不是从高空下降的。

远在周代《诗经》里，就有"白露为霜"的诗句，说明当时人们已经认识到霜就是固态的露。东汉时期大文学家蔡邕曾明白地指出："露，阴液也。释为露，凝为霜。"《五经通义》更直接地说霜是"寒气"凝结出来的，是从地面上来，并非从天空下降的。

关于这一点，朱熹也曾指出，古代的人说露凝结而为霜，现在观察下来，那是确实的。但程颐说不是，不知什么道理。古人又说露是"星月之气"，那是不对的。高山顶上天气虽然晴朗也没有露，露是从地面蒸发上来的。

看来，朱熹对别人讲过的话，既不一概是之，也不一概非之，而是根据自己的观察，摆事实，讲道理，这是科学的、实事求是的态度。

正因为人们懂得了霜的成因，所以也就有办法对付它。

南北朝时期的贾思勰在《齐民要术》一书中总结了许多科学知识，其中就有关于防止霜冻的办法："天雨新晴，北风寒彻，是夜必有霜。此时放火作煜，少得烟气，则免于霜矣。"

这几句话很切合物态变化的道理。天雨刚晴，地面空气湿度必大。入夜后地面热量发散，温度降低，又遇冷风，气温易低至零摄氏度以下，空气中的水汽即凝为固态的霜。

如在田野上烧些柴草，一则发热提高气温；二则使地面蒙上一层烟尘，可以隔热，不使地面热量发散，保证温度不至降至零度以下，那就不会有霜了。这种行之有效的防霜办法，为历代广大农村所沿用。

延 伸 阅 读

　　孙思邈是唐代民间医生。他崇尚炼丹，经常亲自进行药物的修合炼制。孙思邈总结出硝石、硫黄、木炭混在一起，极易起火爆炸，炸塌丹房，伤及人群。为了减轻金石药物的毒性，在使用硫黄、砒霜等金石药物时，有意使药物自己起火燃烧，借以去其毒性。孙思邈的炼丹实验，证明了古人对物质三态的认识。